Gunter Hankammer • Michael K. Resch

Bauwerksdiagnostik bei Feuchteschäden

Bauwerksdiagnostik bei Feuchteschäden

Prävention und Schadenserfassung durch den Einsatz von Messgeräten

mit 198 Abbildungen und 26 Tabellen

Dipl.-Ing. Gunter Hankammer

Michael K. Resch

RM Rudolf Müller

Bibliografische Information der Deutschen Nationalbibliothek
Die Deutsche Nationalbibliothek verzeichnet diese Publikation in der Deutschen Nationalbibliografie; detaillierte bibliografische Daten sind im Internet über http://dnb.de abrufbar.

2., aktualisierte und erweiterte Auflage 2023

Maßgebend für das Anwenden von Normen ist deren Fassung mit dem neuesten Ausgabedatum, die bei der Beuth Verlag GmbH, Burggrafenstraße 6, 10787 Berlin, erhältlich ist. Maßgebend für das Anwenden von Regelwerken, Richtlinien, Merkblättern, Hinweisen, Verordnungen usw. ist deren Fassung mit dem neuesten Ausgabedatum, die bei der jeweiligen herausgebenden Institution erhältlich ist. Zitate aus Normen, Merkblättern usw. wurden, unabhängig von ihrem Ausgabedatum, in neuer deutscher Rechtschreibung abgedruckt.

Das vorliegende Werk wurde mit größter Sorgfalt erstellt. Verlag und Autoren können dennoch für die inhaltliche und technische Fehlerfreiheit, Aktualität und Vollständigkeit des Werkes und seiner elektronischen Bestandteile (Internetseiten) keine Haftung übernehmen.

Wir freuen uns, Ihre Meinung über dieses Fachbuch zu erfahren. Bitte teilen Sie uns Ihre Anregungen, Hinweise oder Fragen per E-Mail: fachmedien.architektur@rudolf-mueller.de oder Telefax: 0221 5497-6141 mit.

Lektorat: Petra Lindner, Kescheid
Umschlaggestaltung: Hackethal Producing, Bonn
Satz: Hackethal Producing, Bonn
Druck und Bindearbeiten: Westermann Druck Zwickau GmbH, Zwickau
Printed in Germany

ISBN 978-3-481-04643-9 (Buch-Ausgabe)
ISBN 978-3-481-04645-3 (E-Book als PDF)
ISBN 978-3-481-04671-2 (Buch + E-Book)

FSC www.fsc.org
MIX
Papier aus verantwortungsvollen Quellen
FSC® C110508

Vorwort

Sachverständige, Messtechniker aus dem Bereich der Bauwerkstrocknung und Bauleiter, die in der Bauwerkserhaltung tätig sind, müssen in ihrem Berufsalltag eine Vielzahl von Aufgaben bewältigen, die ohne den Einsatz moderner Messtechnik oft nicht zu lösen sind. Aktuelle Gerichtsurteile zeigen andererseits, dass auch Architekten bei der Bauüberwachung und Hausverwalter von Wohneigentümergemeinschaften (WEG) bei den regelmäßigen Kontrollen des Gemeinschaftseigentums entweder selbst Messungen durchführen oder zumindest in der Lage sein müssen, die Ergebnisse der Messungen von Dritten kritisch prüfen zu können. Dies setzt allerdings eine grundsätzliche Sachkunde hinsichtlich der technischen Möglichkeiten der Bauwerksdiagnostik voraus. Die richtige Auswahl des optimalen Verfahrens sowie der methodengerechte Umgang mit den Messgeräten und dem jeweiligen Zubehör sind unbedingte Voraussetzungen für eine erfolgreiche Diagnostik bei Feuchteschäden. Dieses Buch soll Hilfestellungen leisten bei der Beurteilung des jeweils optimalen Verfahrens. Gleichzeitig soll es auch die Grenzen der einzelnen Methoden beschreiben, damit Mess- oder Bewertungsfehler vermieden werden können. In dem Buch werden einerseits die unterschiedlichen Messverfahren in alphabetischer Reihenfolge in Form eines Nachschlagewerks vorgestellt. Andererseits finden sich in den begleitenden Kapiteln vertiefende Hinweise zu physikalischen Sachverhalten, die den Messverfahren zugrunde liegen, und zur praktischen Anwendung im Einsatz vor Ort sowie zur methodengerechten Dokumentation der Messergebnisse. Auch auf rechtliche Belange wird in einem separaten Kapitel eingegangen.

Hamburg/Wassenberg im April 2012 — Gunter Hankammer
Michael Resch

Danksagung

Der besondere Dank der Autoren gilt Herrn Gerd Ludwig und der Strobl Schadenmanagement GmbH, die mit zahlreichen Praxistipps maßgeblich dazu beigetragen haben, dass in dem vorliegenden Fachbuch Hilfestellungen für die praktische Anwendung der vorgestellten Mess- und Prüfverfahren gegeben werden können.

Vorwort zur 2. Auflage

Seit der 1. Auflage dieses Fachbuchs von 2012 sind inzwischen 11 Jahre vergangen und es wurden neue Mess- und Prüfverfahren für die Bauwerksdiagnostik entwickelt. Andere Methoden haben sich in der praktischen Anwendung durch die einschlägigen Fachkreise weiter etabliert und gelten als anerkannte Regeln der Technik. In der 2. Auflage werden daher sowohl Novellierungen in der Gerätetechnik vorgestellt als auch praktische Erfahrungen bei der Anwendung der Messgeräte und der Prüfverfahren beschrieben. Im neuen Kapitel 3 wird erläutert, welche fallspezifische Messtechnik sich zur Anwendung bei den unterschiedlichen Aufgabenstellungen mit Bezug auf das Kapitel 4 empfiehlt, während die einzelnen Verfahren dort in alphabetischer Reihenfolge vorgestellt werden.

Hamburg/Holzkirchen im April 2023

Gunter Hankammer
Michael Resch

Danksagung

Der Dank der Autoren gilt der Lektorin Frau Petra Lindner für die konstruktive Zusammenarbeit.

Inhalt

1 Einleitung

Feuchteschäden, die auf Mängel an Gebäuden oder auf Leckstellen zurückzuführen sind, beschäftigen nicht nur Gerichte, Rechtsanwälte und Bausachverständige, sondern sind beim Bauen im Bestand und auch bei Neubauten ein wichtiger Aspekt für die beteiligten Fachleute. Die Bauwerksdiagnostik besitzt bei der Feststellung von Feuchteschäden in und an Gebäuden eine wesentliche Bedeutung.

Der aus der Medizin bekannte Begriff der Diagnose umfasst dort 3 aufeinanderfolgende Schritte (siehe Abb. 1.1):

- die Anamnese (Befragung des Patienten),
- den Befund (körperliche Untersuchung des Patienten) und
- die Beurteilung (Zuordnung der Symptome zu einem bestimmten Krankheitsbild).

Diese Systematik lässt sich auch auf Bauwerke übertragen. Die Gebäudeanamnese ist dabei die Sammlung der verfügbaren Daten aus der Vorgeschichte des Bauwerks. Der Befund ist die örtlich durchzuführende Untersuchung des Gebäudes, die Beurteilung stellt die Auswertung der gewonnenen Daten und die Zuordnung der Ergebnisse zu bestimmten Schadensbildern dar. Nach diesem Ablaufschema ist das Sachgebiet der Bauwerksdiagnostik für den praktischen Gebrauch gut anwendbar. Die dreiteilige Gliederung veranschaulicht, dass es nicht nur auf die Handhabung bestimmter Messgeräte ankommt, sondern vielmehr auf die kumulative Gesamtschau, die die Vorgeschichte des Gebäudes ebenso einbezieht wie die örtlichen Untersuchungen und die im Ergebnis zu einer Bewertung führt, die sich ganz wesentlich auf die Erfahrung und den Sachverstand des Diagnostikers stützt.

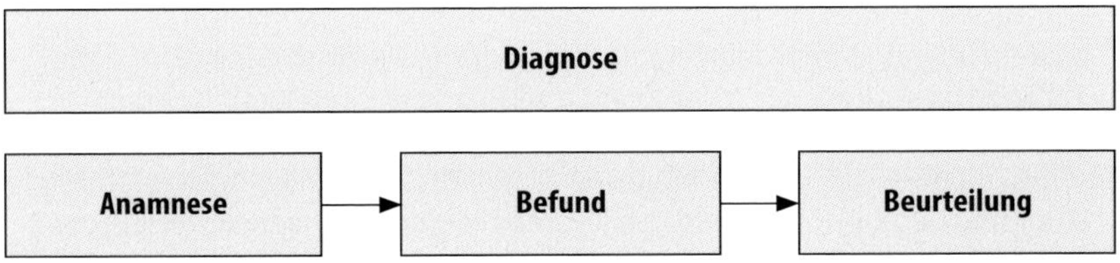

Abb. 1.1: Schritte der Diagnose

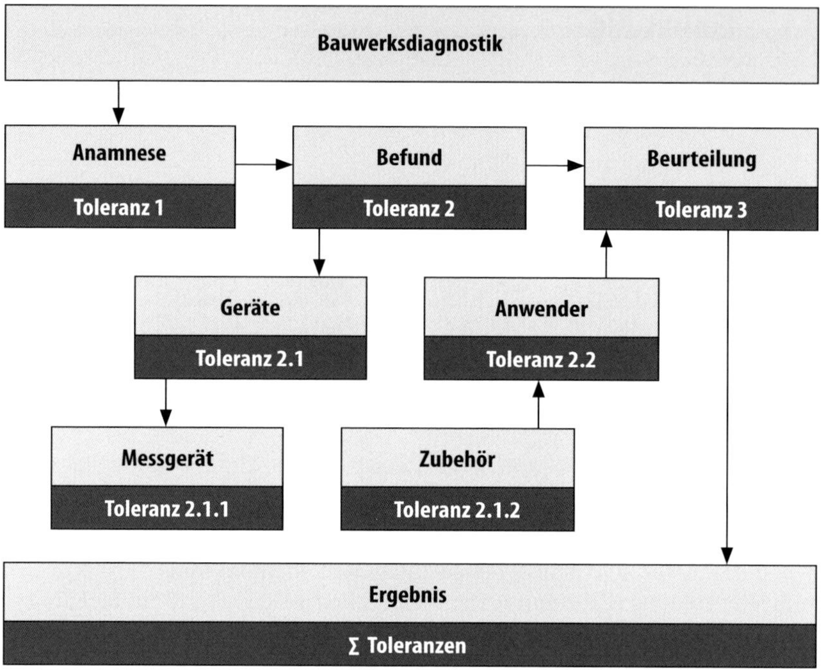

Abb. 1.2: Schritte der Bauwerksdiagnostik

Dies wiederum verdeutlicht, dass das Augenmerk bei der Abschätzung möglicher Störeinflüsse und Fehlerquellen nicht nur auf den eingesetzten Geräten und dem innerhalb der Messkette verwendeten Zubehörteil liegen sollte, sondern vielmehr auf dem gesamten Prüfverfahren, dessen Komponenten jeweils eigene Toleranzbereiche aufweisen können, deren maximal mögliche Summe zu berücksichtigen ist (siehe Abb. 1.2).

In den letzten Jahrzehnten wurden für die unterschiedlichsten Aufgabenstellungen zahlreiche problemspezifische Lösungen entwickelt, die es dem Anwender bei sachgerechter Handhabung ermöglichen, eine qualifizierte Bewertung technischer Sachverhalte vorzunehmen.

Genau hier liegt jedoch auch ein bedeutsames Risiko vor: Eine nicht fachgerechte Anwendung der Messgeräte und Prüfverfahren kann zu einer Fehldiagnose führen, die in einer falschen Beurteilung des Sachverhalts und möglicherweise in der Einleitung eines falschen Sanierungsverfahrens resultieren kann. Für die Wahl des jeweils geeigneten Diagnoseverfahrens ist es daher unverzichtbar, dass sich der Anwender genau mit den chemischen und physikalischen Grundlagen des jeweiligen Messverfahrens vertraut macht und gleichzeitig die baustofftechnologischen Grundlagen des Untersuchungsobjektes kennt. Nur so kann vermieden werden, dass ggf. baustoffbedingt auffällige Messergebnisse fehlerhaft als Bauschäden beurteilt werden.

Die sachgerechte Anwendung von Messgeräten setzt auch die Kenntnis der jeweiligen Geräte- und Verfahrenstoleranzen voraus. Der Prozentwert der relativen Luftfeuchte wird z. B. nicht dadurch genauer, dass Berechnungen mit der dritten Nachkommastelle durchgeführt werden, wenn das zum Einsatz kommende Messgerät eine Messtoleranz von ±0,5 % aufweist.

In diesem Sinne wird in Kapitel 4 getrennt nach Anwendungsbereichen auf die unterschiedlichen technischen Möglichkeiten der Bauwerksdiagnostik eingegangen werden. Dabei werden die verschiedenen Messstrategien und die jeweils zum Einsatz kommenden Geräte mit ihren Vor- und Nachteilen vorgestellt. Die begleitenden Kapitel sollen unabhängig vom jeweiligen Messverfahren vertiefende Hinweise für das Umfeld der eigentlichen Messungen und Prüfungen geben.

2 Bauphysikalische Grundlagen

2.1 Begriff und Kennwerte der Luftfeuchte

Der kritische Wert der relativen Luftfeuchte $\varphi_{si,cr}$, ab dessen Überschreitung das Risiko einer Schimmelpilzbildung auf Bauteiloberflächen eintritt, ist nach DIN EN ISO 13788 „Wärme- und feuchtetechnisches Verhalten von Bauteilen und Bauelementen; Raumseitige Oberflächentemperatur zur Vermeidung kritischer Oberflächenfeuchte und Tauwasserbildung im Bauteilinneren; Berechnungsverfahren“ (2013) als Prozentzahl mit 80 % bzw. als Dezimalwert mit 0,8 festgelegt:

„5 Berechnung der Oberflächentemperatur zur Vermeidung der kritischen Oberflächenfeuchte

5.1 Allgemeines

In diesem Abschnitt wird ein Verfahren zur Bemessung der Gebäudehülle festgelegt, das dazu dient, negativen Auswirkungen der kritischen Oberflächenfeuchte, z. B. Schimmelbefall, vorzubeugen.

ANMERKUNG: Eine Tauwasserbildung auf Oberflächen kann zu Schäden an ungeschützten feuchteempfindlichen Baustoffen führen. Sie kann vorübergehend und in kleinen Mengen annehmbar sein, z. B. bei Fenstern und Fliesen in Badezimmern, sofern die Oberfläche die Feuchte nicht absorbiert und entsprechende Vorkehrungen zur Vermeidung eines Kontaktes der Feuchte mit angrenzenden empfindlichen Materialien getroffen werden.

Wenn die monatlichen Mittelwerte der relativen Luftfeuchte an den Oberflächen eine kritische relative Feuchte, $\varphi_{si,cr}$, überschreiten, besteht das Risiko eines Schimmelbefalls, das als 0,8 angenommen werden soll, es sei denn, es liegen nähere Informationen aus nationalen Bestimmungen oder anderweitig vor.“

Für die Beurteilung von Feuchte- und Schimmelschäden sind 2 Schwellenwerte zu berücksichtigen, bei deren lokaler Überschreitung das jeweilige Ereignis eintreten kann:

- Schwellenwert für die Ansiedlung von Schimmel: ≥ 80 % relative Feuchte (r. F.),
- Schwellenwert für den Tauwasserausfall an der Verglasung ≥ 100 % r. F.

Physikalisch werden 5 Begriffe unterschieden.

Tabelle 2.1: Sättigungsfeuchte des Wasserdampfs in der Luft bei verschiedenen Temperaturen

Temperatur θ in °C	Sättigungsfeuchte der absoluten Luftfeuchte w_s in g/m³	Temperatur θ in °C	Sättigungsfeuchte der absoluten Luftfeuchte w_s in g/m³	Temperatur θ in °C	Sättigungsfeuchte der absoluten Luftfeuchte w_s in g/m³	Temperatur θ in °C	Sättigungsfeuchte der absoluten Luftfeuchte w_s in g/m³	Temperatur θ in °C	Sättigungsfeuchte der absoluten Luftfeuchte w_s in g/m³
30	30,3	20	17,3	10	9,4	0	4,84	−10	2,14
29	28,7	19	16,3	9	8,8	−1	4,47	−11	1,96
28	27,2	18	15,4	8	8,3	−2	4,13	−12	1,80
27	25,8	17	14,5	7	7,8	−3	3,81	−13	1,65
26	24,4	16	13,6	6	7,3	−4	3,51	−14	1,51
25	23,0	15	12,8	5	6,8	−5	3,24	−15	1,38
24	21,8	14	12,1	4	6,4	−6	2,99	−16	1,27
23	20,6	13	11,4	3	6,0	−7	2,76	−17	1,15
22	19,4	12	10,7	2	5,6	−8	2,54	−18	1,05
21	18,3	11	10,0	1	5,2	−9	2,33	−19	0,96

Hervorgehobene Zahlen sind typische Kennwerte.

Sättigungswert der absoluten Luftfeuchte w_s in g/m³

Obergrenze der Wasserdampfmenge in g, die von 1 m³ Luft bei einer bestimmten Temperatur aufgenommen werden kann. Die Sättigungsfeuchte entspricht einer relativen Luftfeuchte von 100 %.

Der Sättigungswert der absoluten Luftfeuchte w_s für eine bestimmte Lufttemperatur kann Tabelle 2.1 entnommen werden.

Absolute Luftfeuchte w in g/m³

Die absolute Luftfeuchte ist der tatsächliche Wasserdampfgehalt der Raumluft, der auf der Grundlage einer Messung der relativen Luftfeuchte und Multiplikation mit der temperaturspezifischen Sättigungsfeuchte ermittelbar ist.

Tabelle 2.2: Sättigungswert der spezifischen Luftfeuchte bei verschiedenen Lufttemperaturen

Temperatur θ in °C	Sättigungsfeuchte der spezifischen Luftfeuchte x_s in g/kg	Temperatur θ in °C	Sättigungsfeuchte der spezifischen Luftfeuchte x_s in g/kg	Temperatur θ in °C	Sättigungsfeuchte der spezifischen Luftfeuchte x_s in g/kg	Temperatur θ in °C	Sättigungsfeuchte der spezifischen Luftfeuchte x_s in g/kg	Temperatur θ in °C	Sättigungsfeuchte der spezifischen Luftfeuchte x_s in g/kg
30	27,20	20	14,70	10	7,63	0	3,77	–10	1,60
29	25,60	19	13,80	9	7,13	–1	3,47	–11	1,46
28	24,10	18	12,90	8	6,66	–2	3,19	–12	1,34
27	22,70	17	12,10	7	6,21	–3	2,94	–13	1,22
26	21,40	16	11,40	6	5,79	–4	2,70	–14	1,12
25	20,10	15	10,60	5	5,40	–5	2,48	–15	1,02
24	18,90	14	9,84	4	5,03	–6	2,27	–16	0,93
23	17,70	13	9,33	3	4,69	–7	2,08	–17	0,84
22	16,70	12	8,73	2	4,36	–8	1,91	–18	0,77
21	15,70	11	8,16	1	4,06	–9	1,75	–19	0,70

Hervorgehobene Zahlen sind typische Kennwerte.

Sättigungswert der spezifischen Luftfeuchte x_s in g/kg

Der Sättigungswert der spezifischen Luftfeuchte markiert die Obergrenze der Wasserdampfmenge in g, die von 1 kg Luft bei einer bestimmten Temperatur aufgenommen werden kann. Die Sättigungsfeuchte entspricht einer relativen Luftfeuchte von 100 %.

Der Sättigungswert der spezifischen Luftfeuchte x_s in g/kg für eine bestimmte Lufttemperatur kann durch Division mit dem temperaturspezifischen Wert des Gewichts der Luft errechnet oder Tabelle 2.2 entnommen werden.

Abb. 2.1 und 2.2: Bestimmung der relativen Luftfeuchte, der Lufttemperatur und der spezifischen Luftfeuchte; links bei der Messung, die im Bohrloch „über Kopf" erfolgt

Spezifische Luftfeuchte *x* in g/kg

Die spezifische Luftfeuchte gibt an, wie viel Gramm Wasserdampf in 1 kg feuchter Luft enthalten sind (Masse des Wasserdampfs zur Gesamtmasse der feuchten Luft).

Relative Luftfeuchte (r. H.) in %

Quotient aus absoluter Luftfeuchte und Sättigungsfeuchte, ausgedrückt in %

$$\varphi = \frac{\varphi_a \cdot 100}{w_s} \quad (\%) \tag{2.1}$$

$$\varphi_a = \frac{m_D}{V_{FL}} \quad (g/m^3) \tag{2.2}$$

mit

- φ relative Luftfeuchte in %
- φ_a absolute Luftfeuchte in g/m^3
- w_s Sättigungsfeuchte des Wassers in der Luft bei gegebener Temperatur in g/m^3
- m_D Masse des Wasserdampfs in g
- V_{FL} Volumen der feuchten Luft in m^3

Einige Messgeräte bieten die Möglichkeit, neben der Bestimmung der relativen Luftfeuchte und der Lufttemperatur die spezifische Luftfeuchte direkt auf dem Display abzulesen (siehe Abb. 2.1 und 2.2).

Die Luftfeuchte innerhalb eines Hohlraumes, z. B. einer Estrichdämmschicht, lässt sich erfassen, wenn ein Bohrloch im Estrich abgeklebt und ein elektronisches Thermohygrometer mit seiner Messsonde kopfüber in einen Lochausschnitt des Klebebandes eingeführt wird (siehe Abb. 2.1). Nach einer kurzen Wartezeit bleiben die Anzeigewerte konstant. In der Estrichdämmschicht wird im Beispiel auf dem kopfüber stehenden Display eine Lufttemperatur von 24,3 °C und eine spezifische Luftfeuchte von 16,0 g Wasser pro kg Luft angezeigt (siehe Abb. 2.2). Die Werte der absoluten Feuchte in g/m³ oder der spezifischen Feuchte in g/kg lassen sich mit den Werten der Raumluft vergleichen. Anzeigewerte der spezifischen Feuchte oberhalb von 10 g/kg können als auffällig beurteilt werden.

Im „Leitfaden zur Vorbeugung, Erfassung und Sanierung von Schimmelbefall in Gebäuden" („Schimmelleitfaden") (Umweltbundesamt, 2017) werden für die hygrothermische Sondenmessung 3 Feuchtebereiche beschrieben:

„*Anlage 6*

Handlungsempfehlung zur Beurteilung von Feuchte- und Schimmelschäden in Fußböden

(...)

B Einleitung in das Bewertungsschema

(...)

Nässe oder stark erhöhte Feuchte

Nässe, d. h. flüssiges Wasser ist visuell zu erkennen (ggf. kann man aus den Materialien, z. B. der Trittschalldämmung, durch ‚Drücken' Wassertröpfchen auspressen) und im Gegensatz zu Feuchte aufgrund gasförmigen Wassers auch zu fühlen.

Stark erhöhte Feuchte

Hygrothermische Sondenmessungen bei Temperaturen von 19 °C bis 21 °C ergeben Feuchtewerte von 80 % oder höher (entspricht Wasseraktivität $a_w \geq 0{,}8$). Mikrobielles Wachstum ist möglich.

Erhöhte Feuchte

Hygrothermische Sondenmessungen bei Temperaturen von 19 °C bis 21 °C ergeben Feuchtewerte zwischen 70 % und 80 % (entspricht Wasseraktivität $a_w = 0{,}7–0{,}8$). Mikrobielles Wachstum ist weniger wahrscheinlich.

Keine erhöhte Feuchte

Hygrothermische Sondenmessungen bei Temperaturen von 19 °C bis 21 °C ergeben Feuchtewerte unter 70 % (entspricht Wasseraktivität $a_w < 0{,}7$). Mikrobielles Wachstum tritt in der Regel nicht auf.

Die relative Feuchte steigt aber mit Absenken der Temperatur an, sodass sich im Falle einer Auskühlung der Materialien hohe Feuchtewerte einstellen können. Sinkt z. B. die Bauteiltemperatur auf Werte unter 18 °C und weist das Material damit eine höhere relative Feuchte auf, ist ein mikrobieller Befall auch bei Feuchtewerten von 70 % bei 20 °C möglich."

Mit den Angaben aus dem Schimmelleitfaden zu den Relativwerten lassen sich die entsprechenden Beurteilungswerte als spezifische Feuchte und als absolute Feuchte abbilden.

Stark erhöhte Feuchte als spezifische Feuchte

Die spezifische Sättigungsfeuchte bei einer Lufttemperatur von 19 °C beträgt 13,8 g/kg. Bei einer relativen Feuchte von 80 % beträgt die spezifische Feuchte

13,8 g/kg · 0,8 = **11,04 g/kg**.

Die spezifische Sättigungsfeuchte bei einer Lufttemperatur von 20 °C beträgt 14,7 g/kg. Bei einer relativen Feuchte von 80 % beträgt die spezifische Feuchte

14,7 g/kg · 0,8 = **11,76 g/kg**.

Die spezifische Sättigungsfeuchte bei einer Lufttemperatur von 21 °C beträgt 15,7 g/kg. Bei einer relativen Feuchte von 80 % beträgt die spezifische Feuchte

15,7 g/kg · 0,8 = **12,56 g/kg**.

Stark erhöhte Feuchte als absolute Feuchte

Die absolute Sättigungsfeuchte bei einer Lufttemperatur von 19 °C beträgt 16,3 g/m^3. Bei einer relativen Feuchte von 80 % beträgt die absolute Feuchte

16,3 g/m^3 · 0,8 = **13,04 g/m^3**.

Die absolute Sättigungsfeuchte bei einer Lufttemperatur von 20 °C beträgt 17,3 g/m^3. Bei einer relativen Feuchte von 80 % beträgt die absolute Feuchte

17,3 g/m^3 · 0,8 = **13,84 g/m^3**.

Die absolute Sättigungsfeuchte bei einer Lufttemperatur von 21 °C beträgt 18,3 g/m^3. Bei einer relativen Feuchte von 80 % beträgt die absolute Feuchte

18,3 g/m^3 · 0,8 = **14,64 g/m^3**.

Erhöhte Feuchte als spezifische Feuchte

Die spezifische Sättigungsfeuchte bei einer Lufttemperatur von 19 °C beträgt 13,8 g/kg. Bei einer relativen Feuchte von 80 % beträgt die spezifische Feuchte

13,8 g/kg · 0,8 = **11,04 g/kg**.

Bei einer relativen Feuchte von 70 % beträgt die spezifische Feuchte

13,8 g/kg · 0,7 = **9,66 g/kg**.

Die spezifische Sättigungsfeuchte bei einer Lufttemperatur von 20 °C beträgt 14,7 g/kg. Bei einer relativen Feuchte von 80 % beträgt die spezifische Feuchte

14,7 g/kg · 0,8 = **11,76 g/kg**.

Bei einer relativen Feuchte von 70 % beträgt die spezifische Feuchte

14,7 g/kg · 0,7 = **10,29 g/kg**.

Die spezifische Sättigungsfeuchte bei einer Lufttemperatur von 21 °C beträgt 15,7 g/kg. Bei einer relativen Feuchte von 80 % beträgt die spezifische Feuchte

15,7 g/kg · 0,8 = **12,56 g/kg**.

Bei einer relativen Feuchte von 70 % beträgt die spezifische Feuchte

15,7 g/kg · 0,7 = **10,99 g/kg**.

Erhöhte Feuchte als absolute Feuchte

Die absolute Sättigungsfeuchte bei einer Lufttemperatur von 19 °C beträgt 16,3 g/m^3. Bei einer relativen Feuchte von 80% beträgt die absolute Feuchte

16,3 g/m^3 · 0,8 = **13,04 g/m^3**.

Bei einer relativen Feuchte von 70 % beträgt die absolute Feuchte

16,3 g/m^3 · 0,7 = **11,41 g/m^3**.

Die absolute Sättigungsfeuchte bei einer Lufttemperatur von 20 °C beträgt 17,3 g/m^3. Bei einer relativen Feuchte von 80 % beträgt die absolute Feuchte

17,3 g/m^3 · 0,8 = **13,84 g/m^3**.

Bei einer relativen Feuchte von 70 % beträgt die absolute Feuchte

17,3 g/m^3 · 0,7 = **12,11 g/m^3**.

Die absolute Sättigungsfeuchte bei einer Lufttemperatur von 21 °C beträgt 18,3 g/m^3. Bei einer relativen Feuchte von 80 % beträgt die absolute Feuchte

18,3 g/m^3 · 0,8 = **14,64 g/m^3**.

Bei einer relativen Feuchte von 70 % beträgt die absolute Feuchte

18,3 g/m^3 · 0,7 = **12,81 g/m^3**.

Mit Wasserdampf gesättigte Luft besitzt eine relative Luftfeuchte von 100 %. Diese Sättigungsgrenze ist abhängig von der Lufttemperatur. Wärmere Luft besitzt eine höhere Sättigungsfeuchte als kalte Luft. Die Sättigungskonzentration ist die im Gleichgewichtszustand vorliegende Konzentration von Wassermolekülen in der Luft. Erhöht sich die Temperatur, steigt auch die Sättigungskonzentration. Dies ist darauf zurückzuführen, dass sich die Verdunstungsrate erhöht. Die erhöhte Verdunstungsrate muss durch eine höhere Kondensationsrate ausgeglichen werden, damit ein neues Gleichgewicht entsteht. Das setzt voraus, dass eine höhere Moleküldichte in der Luft vorliegt. Die Höhe der Sättigungskonzentration hängt damit von der Temperatur ab. Wird in einem geschlossenen System feuchte Luft erwärmt, ohne dass Wasserdampf nachströmt, sinkt die relative Luftfeuchte. Umgekehrt erhöht sich die relative Luftfeuchte, wenn die Luft abgekühlt wird.

2.2 Begriff und Kennwerte der Materialfeuchte

2.2.1 Allgemeines

Mineralische Baustoffe verfügen über Poren mit unterschiedlichen Formen, Durchmessern und Volumina. Die Unterschiede in der Art der Poren bestimmen die Möglichkeiten eines Stoffes, Wasser einzulagern.

Darüber hinaus können mineralische Baustoffe neben dem in den Kapillarporen physikalisch gebundenen Wasser auch chemisch gebundenes Wasser enthalten. In den Baustoffporen kann zusätzlich freies Wasser eingelagert sein.

Der Wassergehalt eines Baustoffes bestimmt sich ausschließlich durch das physikalisch gebundene und das frei eingelagerte Wasser. Das chemisch gebundene Wasser gehört zu der Struktur des Baustoffes und wird bei der Bestimmung des Wassergehaltes nicht berücksichtigt.

2.2.2 Massebezogener Wassergehalt u und u_m

Der massebezogene Wassergehalt u und u_m bezeichnet das Verhältnis der in einem Stoff enthaltenen physikalisch gebundenen und freien Wassermasse zur Masse des trockenen Baustoffs.

Der massebezogene Wassergehalt u als dimensionsloser Wert wird mit folgender Gleichung bestimmt:

$$u = \frac{m_{\mathrm{Baustoff,\,feucht}} - m_{\mathrm{Baustoff,\,trocken}}}{m_{\mathrm{Baustoff,\,trocken}}} \ (\mathrm{kg/kg}) \qquad (2.3)$$

mit

u	massebezogener Wassergehalt der Baustoffprobe in kg/kg
$m_{\mathrm{Baustoff,\,feucht}}$	Masse der feuchten Baustoffprobe in kg
$m_{\mathrm{Baustoff,\,trocken}}$	Masse der getrockneten Baustoffprobe in kg

Der massebezogene Wassergehalt u_m in Masse-% wird mit folgender Gleichung bestimmt:

$$u_m = \frac{m_{\text{Baustoff, feucht}} - m_{\text{Baustoff, trocken}}}{m_{\text{Baustoff, trocken}}} \cdot 100 \;\; (\text{Masse-\%}) \tag{2.4}$$

mit

u_m	Wassergehalt der Baustoffprobe in Masse-%
$m_{\text{Baustoff, feucht}}$	Masse der feuchten Baustoffprobe in kg
$m_{\text{Baustoff, trocken}}$	Masse der getrockneten Baustoffprobe in kg

2.2.3 Volumenbezogener Wassergehalt ψ

Der volumenbezogene Wassergehalt ψ als dimensionsloser Wert wird mit folgenden Gleichungen bestimmt:

$$\psi = \frac{V_{\text{Wasser}}}{V_{\text{Baustoff}}} \;\; (\text{m}^3/\text{m}^3) \tag{2.5}$$

$$V_{\text{Wasser}} = \frac{m_{\text{Baustoff, feucht}} - m_{\text{Baustoff, trocken}}}{\rho_{\text{Wasser}}} \;\; (\text{m}^3) \tag{2.6}$$

mit

ψ	volumenbezogener Wassergehalt der Baustoffprobe in m^3/m^3
V_{Wasser}	Volumen des Wassers in der Baustoffprobe in m^3
V_{Baustoff}	Volumen der Baustoffprobe in m^3
$m_{\text{Baustoff, feucht}}$	Masse der feuchten Baustoffprobe in kg
$m_{\text{Baustoff, trocken}}$	Masse der getrockneten Baustoffprobe in kg
ρ_{Wasser}	Rohdichte Wasser ($\approx$ 1.000 kg/m^3) in kg/m^3

Der volumenbezogene Wassergehalt und der massebezogene Wassergehalt stehen wie folgt in Beziehung:

$$u = \frac{\rho_{\text{Wasser}}}{\rho_{\text{Baustoff}}} \cdot \psi \;\; (\text{kg/kg}) \tag{2.7}$$

mit

u	massebezogener Wassergehalt der Baustoffprobe in kg/kg
ρ_{Wasser}	Rohdichte Wasser ($\approx$ 1.000 kg/m^3) in kg/m^3
ρ_{Baustoff}	Rohdichte Baustoff in kg/m^3
ψ	Wassergehalt der Baustoffprobe in m^3/m^3

Der volumenbezogene Wassergehalt von Materialien mit Hohlräumen wie z. B. Lochsteinen bezieht sich stets auf den Baustoff ohne Hohlräume. Das Volumen ohne Hohlräume lässt sich z. B. mit dem Eintauchverfahren bestimmen, bei dem die Materialprobe in ein mit Wasser gefülltes Messgefäß eingetaucht wird. Der Pegelanstieg des Wassers entspricht dem Volumen des eingetauchten Probekörpers ohne dessen Hohlräume.

2.2.4 Sättigungsfeuchte u_{max}

Die Sättigungsfeuchte eines Baustoffs stellt sich unter Druck oder durch lang anhaltende Wasserlagerung ein, wenn sich sämtliche Poren des Baustoffs mit Wasser gefüllt haben und der Baustoff die für ihn max. mögliche Wassermenge aufgenommen hat. Die Sättigungsfeuchte stellt die Bezugsgröße für die Bestimmung des Durchfeuchtungsgrades dar.

2.2.5 Durchfeuchtungsgrad *DFG*

Der Durchfeuchtungsgrad bezeichnet das Verhältnis des massebezogenen Wassergehalts u zur Sättigungsfeuchte u_{max} des Baustoffs.

$$DFG = \frac{u}{u_{max}} \cdot 100 \ (\%) \tag{2.8}$$

mit

DFG Durchfeuchtungsgrad in %
u massebezogener Wassergehalt der Baustoffprobe in kg/kg
u_{max} Sättigungsfeuchte des Baustoffs in kg/kg

Der Durchfeuchtungsgrad *DFG* gibt an, welcher Anteil in % des für Wasser zugänglichen Porenvolumens zum Zeitpunkt der Probenentnahme mit Wasser gefüllt war.

2.2.6 Freier Wassergehalt u_f

Der freie Wassergehalt (auch freiwilliger Wassergehalt) ist die Wassermenge, die ein Baustoff aufnimmt, wenn er einige Zeit der Einwirkung von drucklosem Wasser ausgesetzt ist. Erst wenn alle Poren zu mehr als 90 % mit Wasser gefüllt sind, besteht die Gefahr von Frostschäden bei Baustoffen. Der Quotient aus dem freien Wassergehalt und der Sättigungsfeuchte wird als Sättigungskoeffizient *S* bezeichnet und ist neben anderen Einflussfaktoren wichtig für die Beurteilung der Frostbeständigkeit von porösen Baustoffen. Unterhalb eines Sättigungskoeffizienten von 0,8 sind Steine im Allgemeinen als frostbeständig zu beurteilen.

$$S = \frac{u_f}{u_{max}} \tag{2.9}$$

mit

S Sättigungskoeffizient
u_f freier Wassergehalt des Baustoffs in kg/kg
u_{max} Sättigungsfeuchte des Baustoffs in kg/kg

2.2.7 Feuchtezustand

Der Feuchtezustand bezeichnet das Verhältnis des massebezogenen Wassergehalts u zum freien Wassergehalt u_f des Baustoffs.

$$\text{Feuchtezustand} = \frac{u}{u_f} \cdot 100 \ (\%) \tag{2.10}$$

mit

u massebezogener Wassergehalt der Baustoffprobe in kg/kg
u_f freier Wassergehalt des Baustoffs in kg/kg

Der Feuchtezustand kann Hinweise auf die Intensität und die Dauer der Wassereinwirkung geben. Bei der Ermittlung der Baustofffeuchte sind die Untersuchungsergebnisse des Wassergehalts u häufig kleiner als der freie Wassergehalt u_f.

Bei Werten oberhalb von 100 % kann eine anhaltende Wassereinwirkung unter hydrostatischem Druck vorliegen. In diesem Fall übersteigen die Werte des Wassergehalts u den Wert des freien Wassergehalts u_f.

2.2.8 Gleichgewichtsfeuchte u_φ

Die Gleichgewichtsfeuchte eines Baustoffs ist derjenige Wassergehalt, der bei Luftlagerung unter gegebener relativer Luftfeuchte φ in der Praxis, d. h. in eingebauten Baustoffen, mit einer Wahrscheinlichkeit von 90 % nicht überschritten wird. Die Gleichgewichtsfeuchte u_{50} bezeichnet beispielsweise den massebezogenen Wassergehalt eines Baustoffs, der sich bei einer relativen Luftfeuchte von 50 % einstellt.

Werden trockene Proben aufgefeuchtet, steigt der Wasserdampfgehalt an. Es handelt sich um eine Sorption. Werden feuchte Proben getrocknet, sinkt der Wasserdampfgehalt. Dieser Vorgang entspricht einer Desorption. Die Masse des jeweils im Baustoff enthaltenen Wasserdampfes lässt sich durch die Sorptionsisotherme und die Desorptionsisotherme in Bezug zur relativen Luftfeuchte bringen. Da beide Vorgänge unterschiedlich verlaufen, sind die beiden Isothermen nicht identisch.

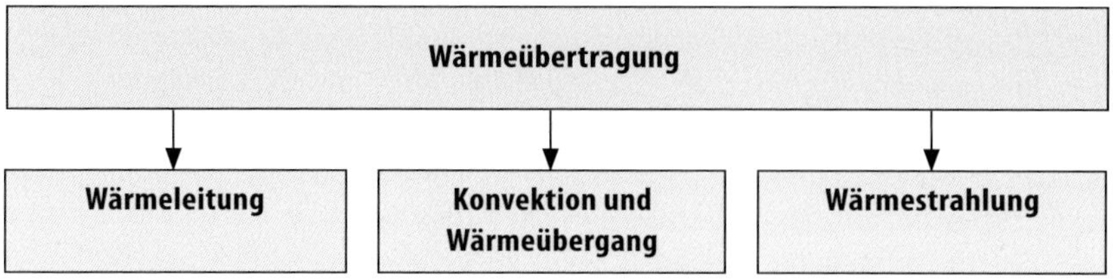

Abb. 2.3: Arten der Wärmeübertragung

2.2.9 Kritischer Wassergehalt u_{kr}

Der kritische Wassergehalt bildet die untere Grenze für die Möglichkeit kapillaren Wassertransports. Er stellt sich im kapillar durchfeuchteten Bereich eines ansonsten trockenen Baustoffes ein. Die Wasserverdunstung an der Baustoffoberfläche wird nicht mehr befriedigt.

2.3 Begriff und Kennwerte der Temperaturen

2.3.1 SI-Einheiten

Bei der Beurteilung von Feuchte im Rahmen der Bauwerksdiagnostik kommt es in der Regel auch auf die Bauteil- und die Umgebungstemperaturen an. Die Temperatur ist eine physikalische Größe, die vor allem in der Thermodynamik eine wichtige Rolle spielt. Das internationale Einheitensystem SI (**S**ystème **i**nternational d'unités) verwendet als SI-Einheit Kelvin (K) für die thermodynamische Temperatur (Formelzeichen: T). In Deutschland, Österreich und der Schweiz ist die Einheit Celsius (°C) ebenfalls zulässig. Ein Kelvin ist der 273,15. Teil der thermodynamischen Temperatur des Tripelpunktes von Wasser, bei dem dessen feste, flüssige und gasförmige Phase koexistieren. Der Wert der Celsiustemperatur $\theta = 0$ °C entspricht dem Kelvinwert $T = 273{,}15$ K. Der Nullpunkt der Kelvinskala liegt beim absoluten Nullpunkt. Der Wert 273,15 ist so gewählt, dass die Fixpunkte der historischen Celsiusskala etwa 100 K auseinanderliegen.

Temperaturen können in K oder in °C, Temperaturdifferenzen sollten in K ausgedrückt werden.

2.3.2 Wärmeübertragung

Stehen 2 Körper unterschiedlicher Temperatur in Wärmekontakt, so wird nach dem nullten Hauptsatz der Thermodynamik so lange Energie vom wärmeren zum kälteren Körper übertragen, bis beide im thermischen Gleichgewicht stehen und die gleiche Temperatur angenommen haben. Der Wärmestrom verläuft dabei in die Richtung der Isothermen mit abnehmenden Temperaturen. Es gibt dabei 3 Möglichkeiten der Wärmeübertragung: Wärmeleitung, Konvektion und Wärmeübergang sowie Wärmestrahlung (siehe Abb. 2.3).

Wärmeleitung

In festen Stoffen erfolgt eine Wärmeübertragung durch Wärmeleitung über unmittelbar benachbarte Moleküle einer Materie. Stoffe mit einer hohen Rohdichte verfügen über eine größere Wärmeleitfähigkeit als poröse Stoffe mit einem hohen Luftporenanteil. Poröse Stoffe mit einem hohen Wassergehalt weisen eine größere Wärmeleitfähigkeit auf als im Zustand der Ausgleichsfeuchte.

Konvektion und Wärmeübergang

In Gasen und Flüssigkeiten erfolgt der Wärmetransport neben der Wärmeleitung außerdem durch Konvektion. Dabei verändern die Moleküle mit ihrem Energiegehalt ihre Lage in einem Raum. Wärmeübergang bezeichnet einen Wärmeaustausch zwischen der Oberfläche eines Feststoffs einerseits und einem Gas oder einer Flüssigkeit andererseits.

Konvektionsheizkörper erwärmen die oberhalb befindliche Luft und werden daher in der Regel im Raum unterhalb der Fenster angebracht, da die Luft hinter den Fenstern innerhalb des Raumes in der Regel die geringste Temperatur aufweist. Die erwärmte Luft verringert ihr spezifisches Gewicht und steigt oberhalb des Heizkörpers nach oben auf. Beim Erreichen der Decke bewegt sie sich in die Tiefe des Raumes und fällt an der gegenüberliegenden Wand beim allmählichen Abkühlen nach unten herab. Von dort aus gelangt sie durch die Sogwirkung in waagerechter Strömungsrichtung oberhalb des Fußbodens wieder in Richtung der Außenwand. Auf diese Weise erfolgt die Beheizung des Raumes durch eine ständige Warmluftzirkulation, bei der die raumseitigen Oberflächen insbesondere der Außenbauteile gleichmäßig mit Wärme versorgt werden sollen. Bauteile und Inventar sollten diese Warmluftzirkulation im Raum möglichst nicht behindern. Weit auskragende Fensterbänke führen z. B. zu einer Abschattung der unmittelbar darüber liegenden Fenster und der Laibungen.

Wärmestrahlung

Jeder Körper ist in der Lage, elektromagnetische Strahlung und damit auch Wärmestrahlung zu emittieren. Liegen sich 2 Körper mit unterschiedlichen Temperaturen gegenüber, erfolgt eine Wärmestrahlung von dem Körper mit der höheren Temperatur zum Körper mit der geringeren Temperatur so lange, bis ein Ausgleich eingetreten ist. Die Ausbreitung der Strahlung kann sowohl in der Luft als auch im Vakuum erfolgen.

Strahlungsheizkörper erwärmen z. B. die ihnen gegenüberliegenden Bauteile durch Strahlungswärme und werden daher nicht an den Außenwänden angebracht, sondern gegenüber. Strahlungsheizkörper sind z. B. Kamine und Festbrennstofföfen, aber auch klassische Radiatoren. Bauteile oder Inventar

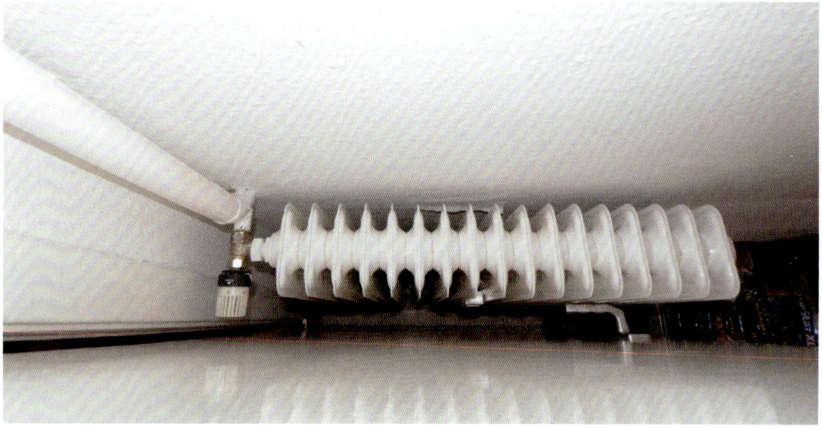

Abb. 2.4: Abdeckung des Strahlungsheizkörpers durch die geöffnete, in den Raum hineinstehende Zimmertür. Das Thermostatventil sitzt in einer Nische, die sich schnell erwärmt.

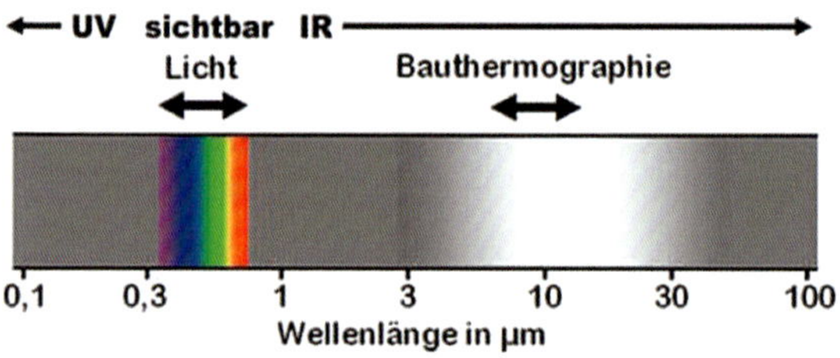

Abb. 2.5: Elektromagnetische Strahlungen. Der in der Bauthermografie genutzte Bereich liegt im mittleren Infrarot bei 8 bis 12 µm. (Quelle: ifz info WA 09/1. Die Bauthermografie, Dezember 2009, S. 2)

sollten im Strahlungsgang vermieden werden, da es im Strahlungsschatten zu einer Senkung der raumseitigen Bauteiloberflächentemperatur kommen kann (siehe Abb. 2.4). Fußboden- und Deckenheizungen zählen zu den Strahlungsheizungen.

Moderne Heizkörper bestehen oft aus einem mehrlagigen Aufbau aus Platten und Konvektoren und geben dann sowohl Strahlungswärme als auch Konvektionswärme ab.

Das Funktionsprinzip der Infrarotthermografie beruht auf der Messung der Temperaturstrahlung (siehe Abb. 2.5).

Die elektromagnetischen Strahlungen werden nach den jeweiligen Wellenlängen unterschieden (siehe Tabelle 2.3).

Tabelle 2.3: Wellenlängenbereiche der Strahlung (nach Wikipedia; DIN 5031-7; Schuster, Norbert/Kolobrodov, Valentin G.: Infrarotthermografie, 2. Aufl. Weinheim: Wiley-VCH-Verlag, 2004)

Art der Strahlung	**Wellenlänge (µm)**
extremes UV (EUV, XUV)	0,001 bis 0,1
Vakuum-UV (UV-C-VUV)	0,1 bis 0,2
fernes UV (UV-C-FUV)	0,2 bis 0,28
mittleres UV (UV-B)	0,28 bis 0,315
nahes UV, Schwarzlicht (UV-A)	0,315 bis 0,38
sichtbare Strahlung	0,38 bis 0,78
Wärmestrahlung	0,78 bis 300
nahes Infrarot (NIR)	0,78 bis 3
mittleres Infrarot (MIR)	3 bis 7
langwelliges Infrarot (LIR)	7 bis 14
fernes Infrarot (FIR)	>14

Bei dem Auftreffen von elektromagnetischen Wellen auf einen realen Körper werden bestimmte Anteile der Strahlung absorbiert, andere Anteile reflektiert. Bei transparenten Baukörpern wird außerdem ein bestimmter Anteil der Strahlen transmittiert. Die Summe der Einzelanteile entspricht der Größe der auf den Körper auftreffenden Strahlung (siehe Formel 2.11).

$$M = A + R + T \quad (\text{nm; µm}) \tag{2.11}$$

mit

M einfallende Strahlung in nm; µm
A absorbierte Strahlung in nm; µm
R reflektierte Strahlung in nm; µm
T transmittierte Strahlung in nm; µm

Bezogen auf den jeweiligen Grad der Strahlungsanteile lässt sich das Verhältnis wie folgt ausdrücken:

$$1 = \alpha(\lambda) + \rho(\lambda) + \tau(\lambda) \tag{2.12}$$

mit

α Absorptionsgrad, Funktion der Wellenlänge
λ Wellenlänge
ρ Reflexionsgrad, Funktion der Wellenlänge
τ Transmissionsgrad, Funktion der Wellenlänge

Für die physikalischen Definitionen wurde als Maßstab ein idealer schwarzer Körper entwickelt, der in der Lage ist, die auf ihn auftreffende Strahlung vollständig zu absorbieren, d. h. in Wärmeenergie umzuwandeln. Als Gegensatz dient ein idealer Spiegel, der theoretisch die auf ihn auftreffende Strahlung vollständig reflektieren kann. Der dritte Gegensatz besteht in einem idealen Fenster, durch das die auftreffende Strahlung vollständig transmittiert. Danach sind in allen 3 idealen Fällen die jeweils beiden verbleibenden mit 0 zu bewerten (siehe Tabelle 2.4).

Tabelle 2.4: Grad der Strahlungsanteile

Grenzfall	**Grad der Strahlungsanteile**		
	Absorptionsgrad α	**Reflexionsgrad** ρ	**Transmissionsgrad** τ
idealer schwarzer Körper	1	0	0
idealer Spiegel	0	1	0
ideales Fenster	0	0	1

Der ideale schwarze Körper emittiert die eintreffende Strahlung vollständig.

Reale Körper können grundsätzlich nur weniger Strahlung emittieren als der ideale schwarze Körper. Das Emissionsvermögen eines realen Körpers verhält sich zu dem des idealen schwarzen Körpers wie das Verhältnis der Absorptionsgrade:

$$\varepsilon(\lambda, T) = \frac{M_{\text{real}}}{M_{\text{schwarzer Körper}}} = \frac{\alpha}{\alpha_s} \tag{2.13}$$

mit

ε	Emissionsgrad eines realen Körpers
M_{real}	Strahlungsemission eines realen Körpers
$M_{\text{schwarzer Körper}}$	Strahlungsemission des idealen schwarzen Körpers
α	Absorptionsgrad eines realen Körpers
α_s	Absorptionsgrad des idealen schwarzen Körpers

Für einen Körper im thermischen Gleichgewicht entspricht der Emissionsgrad dem Absorptionsgrad, d. h. $\varepsilon = \alpha$. Daher kann die oben aufgeführte Gleichung auch umgestellt werden zu:

$$1 = \varepsilon(\lambda) + \rho(\lambda) + \tau(\lambda) \tag{2.14}$$

mit

ε	Emissionsgrad eines realen Körpers, Funktion der Wellenlänge
λ	Wellenlänge
ρ	Reflexionsgrad, Funktion der Wellenlänge
τ	Transmissionsgrad, Funktion der Wellenlänge

Die Kenntnis des Emissionsgrads eines Stoffes ist daher in der Infrarotthermografie wichtig für die Beurteilung der Oberflächentemperatur. Dasselbe gilt für die Anwendung von kontaktlosen Infrarotthermometer-Messsonden und für den Einsatz von Pyrometern. In der Regel ist bei den Handgeräten ein fester Emissionsgrad auf $\varepsilon = 0{,}95$ eingestellt.

Bei bekannter Umgebungstemperatur lässt sich die Temperatur des Messobjekts über den Emissionsfaktor errechnen:

$$T_s = \frac{(T_{\text{Anzeige}} - T)}{\varepsilon} + \text{T (°C)} \tag{2.15}$$

mit

T_s	Oberflächentemperatur in °C
T_{Anzeige}	am Gerät angezeigte Temperatur in °C
T	Umgebungstemperatur in °C
ε	Emissionsgrad der Oberfläche

Die Kennwerte für den Emissionsgrad einiger Stoffe sind der Literatur zu entnehmen (siehe Tabelle 2.5).

Tabelle 2.5: Emissionsgrade für verschiedene Oberflächen nach Fischer, Heinz-Martin/Jenisch, Richard/Stohrer, Martin/Homann, Martin/Freymuth, Hanns/Richter, Ekkehard/Häupl, Peter: Lehrbuch der Bauphysik. Tafel 1.8. 6. Aufl. Wiesbaden: Vieweg und Teubner Verlag, 2008

Oberfläche	Emmissionsgrad
Silber, poliert	0,03
Kupfer, poliert	0,04
Kupfer, schwarz oxidiert	0,82
Aluminium, walzblank	0,05
Eisen, blank geätzt	0,16
Eisen, geschmirgelt	0,26
Eisen, stark verrostet	0,85
Glas	0,88
Linoleum	0,88
Papier	0,89
Holz	0,91
Mörtel, Putz, Beton	0,93
Ziegel	0,93
Dachpappe	0,93
Aluminiumbronzeanstrich	0,40
Ölfarbenanstrich, schwarz, matt	0,97
Ölfarbenanstrich, schwarz, glänzend	0,88
Ölfarbenanstrich, weiß	0,89
Heizkörperlack	0,93

2.3.3 Wärmedurchgang

U-Wert

Der *U*-Wert (früher *k*-Wert) gibt als Wärmedurchgangskoeffizient an, welche Wärmemenge innerhalb von 1 Stunde durch 1 m^2 Außenfläche eines Bauteils bei einer Temperaturdifferenz zwischen Innen- und Außenraum von 1 Kelvin (K) strömt. Der *U*-Wert wird in Watt pro Quadratmeter und Kelvin, $W/(m^2 \cdot K)$, gemessen. Je größer der Wert ist, desto mehr Wärmemenge strömt durch das Bauteil. Je kleiner dieser Wert ist, umso besser ist die Wärmedämmung des Bauteils und umso weniger Wärme geht verloren.

Zur Ermittlung des Wärmedurchgangskoeffizienten einer Verglasung (U_g-Wert) kann anhand der durchgeführten Messungen von Raumlufttemperatur, Außenlufttemperatur und Glasoberflächentemperatur innen überschlägig der U_g-Wert der Verglasung bestimmt werden.

Hier gilt die Formel:

$$U_g = \frac{\theta_i - \theta_{si}}{R_{si}\,(\theta_i - \theta_e)} \text{ in } W/(m^2 \cdot K) \tag{2.16}$$

mit

U_g Wärmedurchgangskoeffizient der Verglasung in $W/(m^2 \cdot K)$
θ_i Temperatur der Luft innen in °C
θ_{si} Temperatur der Bauteiloberfläche innen in °C
R_{si} Wärmeübergangswiderstand innen in $m^2 \cdot K/W$
θ_e Temperatur der Luft außen in °C

Die Messung der Lufttemperatur erfolgt mit einem Thermometer, die der Oberflächentemperatur der Verglasung mit einem Kontaktthermometer. Die Messung mit einem Infrarotthermometer (Pyrometer) ist auf Glas nicht möglich.

Der Wert für R_{si} ergibt sich nach der DIN EN ISO 13788 „Wärme- und feuchtetechnisches Verhalten von Bauteilen und Bauelementen – Raumseitige Oberflächentemperatur zur Vermeidung kritischer Oberflächenfeuchte und Tauwasserbildung im Bauteilinneren – Berechnungsverfahren" (2001) zu 0,13 $m^2 \cdot K/W$ (siehe Tabelle 2.6).

Tabelle 2.6: Wärmedurchlasswiderstand an Oberflächen

Art der Oberflächen	Wärmedurchlasswiederstand ($m^2 \cdot K/W$)
außenseitige Oberflächen R_{se}	0,04
raumseitige Oberflächen R_{si}	
an Verglasungen und Rahmen	0,13
alle anderen raumseitigen Oberflächen	0,25[1)]

1) Es wird ein raumseitiger Wärmedurchlasswiderstand von 0,25 angegeben, um den ungünstigsten Fall der Gefahr der Tauwasserbildung in einer Ecke darzustellen.

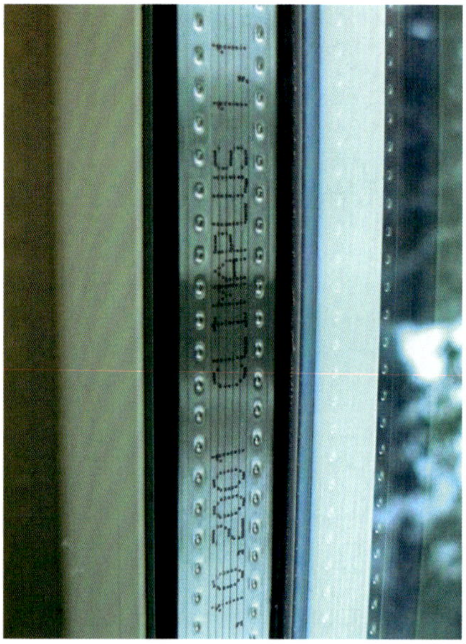

Abb. 2.6: Der Randabstandhalteraufdruck zeigt einen U_g-Wert von 1,1 W/(m^2 · K) an.

Der U_g-Wert der Verglasung wird entweder durch den Hersteller nachgewiesen oder lässt sich, insbesondere bei neueren Fenstern, an dem Randabstandhalteraufdruck ablesen (siehe Abb. 2.6).

Der Scheibenaufbau lässt sich dort ebenfalls nachvollziehen. Im Zweifel kann der Scheibenaufbau mit geeigneten Messgeräten überprüft werden.

Wärmedurchlasswiderstand nach DIN 4108-2 „Wärmeschutz und Energie-Einsparung in Gebäuden" nach Baualter

Die Mindestanforderungen an die Wärmedämmung von Außenbauteilen bei beheizten Gebäuden haben sich in den vergangenen Jahrzehnten nach den jeweils gültigen Wärmeschutzverordnungen und Energieeinsparverordnungen sowie in der einschlägigen DIN 4108-2 ständig verändert. Die zum Zeitpunkt der Errichtung eines Gebäudes gültige Fassung der DIN 4108-2 spiegelt die unterschiedlichen Anforderungen wider (siehe Tabelle 2.7).

Wichtig bei der Beurteilung der Frage, ob die Wärmedämmung eines Gebäudes den Anforderungen entsprechend der Baualtersklasse genügt, ist die Umrechnung des ermittelten Wärmedurchgangskoeffizienten U (früher: k) in den Wärmedurchlasswiderstand R des Bauteils, der dem Wert $1/\Lambda$ entspricht. Der Wärmedurchgangskoeffizient U des Bauteils ist der Kehrwert des Wärmedurchgangswiderstands R_T. Dieser berücksichtigt bereits

Tabelle 2.7: Übersicht über die unterschiedlichen Anforderungen an die Wärmedämmung von Außenbauteilen entsprechend den unterschiedlichen Fassungen der DIN 4108-2

Fassung DIN 4108-2	Anforderungen an die Wärmedämmung von Außenbauteilen		
	normative Anforderung an den Wärmedurchlasswiderstand R[1] bzw. $1/\Lambda$ in		entspricht Wärmedurchgangskoeffizient der Außenwand U_{AW} in
	$m^2 \cdot h \cdot grd/kcal$	$m^2 \cdot K/W$	$W/(m^2 \cdot K)$
DIN 4108-2 (2013)		$R \geq 1{,}2$	0,73
DIN 4108-2 (2003)		$R \geq 1{,}2$	0,73
DIN 4108-2 (2001)		$R \geq 1{,}2$	0,73
DIN 4108-2 (1981)		$1/\Lambda \geq 0{,}55$	1,39
DIN 4108-2 (1969)	Wärmedämmgebiet I $1/\Lambda \geq 0{,}45$	$1/\Lambda \geq 0{,}39$	1,79
DIN 4108-2 (1960)	Wärmedämmgebiet I $1/\Lambda \geq 0{,}45$	$1/\Lambda \geq 0{,}39$	1,79
DIN 4108-2 (1952)	Wärmedämmgebiet I $1/\Lambda \geq 0{,}45$	$1/\Lambda \geq 0{,}39$	1,79

[1] einschließlich R_{si} und R_{se}

die inneren und äußeren Wärmeübergangswiderstände R_{si} und R_{se}. Für die Ermittlung des Wärmedurchlasswiderstands R des Bauteils müssen die Wärmeübergangswiderstände daher in Abzug gebracht werden.

$$U = 1/R_T \text{ in } W/(m^2 \cdot K) \tag{2.17}$$

$$R_T = R_{si} + R_1 + R + \dots R_n + R_{se} \text{ in } m^2 \cdot K/W \tag{2.18}$$

$$1/\Lambda = \frac{s_1}{\lambda_{R1}} + \frac{s_2}{\lambda_{R2}} + \frac{s_3}{\lambda_{R3}} + \dots + \frac{s_n}{\lambda_{Rn}} \text{ in } m^2 \cdot K/W \tag{2.19}$$

$$k = \frac{1}{\frac{1}{\alpha_i} + \frac{1}{\Lambda} + \frac{1}{\alpha_a}} \quad \text{in W/(m}^2 \cdot \text{K)} \qquad (2.20)$$

mit

U Wärmedurchgangskoeffizient, früher: k, in W/(m² · K)
R_T Wärmedurchgangswiderstand des Bauteils (einschließlich der Wärmeübergangswiderstände) in m² · K/W
R_{si} Wärmeübergangswiderstand innen, früher: $1/\alpha_i$ in m² · K/W
R Wärmedurchlasswiderstand des Bauteils (ohne Wärmeübergangswiderstände) in m² · K/W
R_{se} Wärmeübergangswiderstand außen, früher: $1/\alpha_a$ in m² · K/W
Λ Wärmedurchlasskoeffizient in W/(m² · K)
$1/\Lambda$ Wärmedurchlasswiderstand in m² · K/W

Beispiel: Gebäude Baujahr 1969

Zum Zeitpunkt der Errichtung des Gebäudes galt gemäß der Übersicht die DIN 4108-2 in der Ausgabe von 1969. Hier war für die Außenwand ein Mindestwert des Wärmedurchlasswiderstandes R von 0,39 (m² · K)/W vorgeschrieben.

Es wurde für den Istzustand ein Wärmedurchgangskoeffizient der Außenwände U_{AW} = 1,021 W/(m² · K) ermittelt.

R_T = 1/1,021 W/(m² · K) = 0,979 m² · K/W

$$R_{1-n} = R_T - R_{si} - R_{se} \qquad (2.21)$$

mit

R_{1-n} Wärmedurchlasswiderstände der Bauteilschichten
R_T Wärmedurchgangswiderstand des Bauteils (einschließlich der Wärmeübergangswiderstände) in m² · K/W
R_{si} Wärmeübergangswiderstand innen, früher: $1/\alpha_i$ in m² · K/W
R_{se} Wärmeübergangswiderstand außen, früher: $1/\alpha_a$ in m² · K/W

R_{1-n} = 0,979 m² · K/W – 0,13 m² · K/W – 0,04 m² · K/W = 0,809 m² · K/W = $1/\Lambda$

Der Wärmedurchlasswiderstand des Bauteils ist mit R = 0,81 m² · K/W größer als der zur Bauzeit nach den anerkannten Regeln der Technik mindestens erforderliche Wärmedurchlasswiderstand von $1/\Lambda$ = 0,39 m² · K/W. Das Gebäude ist besser als bauzeittypisch wärmegedämmt.

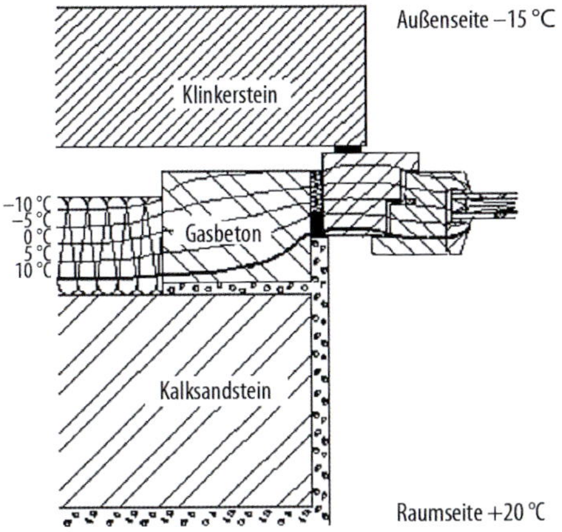

Abb. 2.7: Isothermenverlauf im Bereich der Innenlaibung Fensteranschluss. Die 10 °C-Isotherme erreicht die raumseitige Bauteiloberfläche am Übergang Fensterrahmen – Laibungsputz. (Quelle: Verband Fenster + Fassade, Frankfurt/Main)

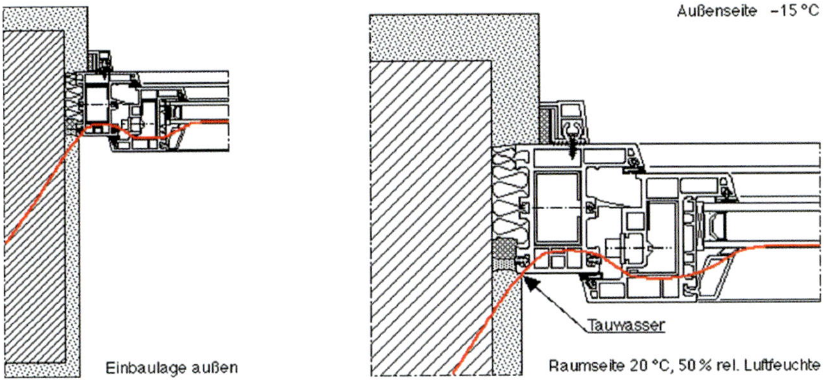

Abb. 2.8: Isothermenverlauf im Bereich der Innenlaibung Fensteranschluss. Die Taupunktisotherme erreicht die raumseitige Bauteiloberfläche am Übergang Fensterblendrahmen – Laibungsputz. (Quelle: www.fensterberater.de/Gr47104aussen.gif)

2.3.4 Isothermen

Wenn ein Bauteil zwischen 2 Temperaturzonen liegt, kommt es innerhalb des Bauteils zu einem Wärmetransport durch Wärmeleitung von der Seite mit der höheren Temperatur zu derjenigen mit der geringeren Temperatur. Dabei lässt sich an jeder Stelle innerhalb des Bauteilquerschnitts eine eigene Temperatur bestimmen. Die Verbindung aller Punkte mit derselben Temperatur zu einer Linie ergibt eine Isotherme für diese Temperatur. Die Untersuchung des Isothermenverlaufs kann in der Bauwerksdiagnostik dann wichtig sein, wenn sich herausstellt, dass z. B. die Taupunktisotherme (9,3 °C bei 20 °C Raumlufttemperatur und 50 % relativer Raumluftfeuchte) den Bauteilquerschnitt im Anschlussbereich des Fensters an die Innenleibung zur Raumseite hin verlässt, weil es dort dann zum Tauwasserausfall kommt (siehe Abb. 2.7 und 2.8).

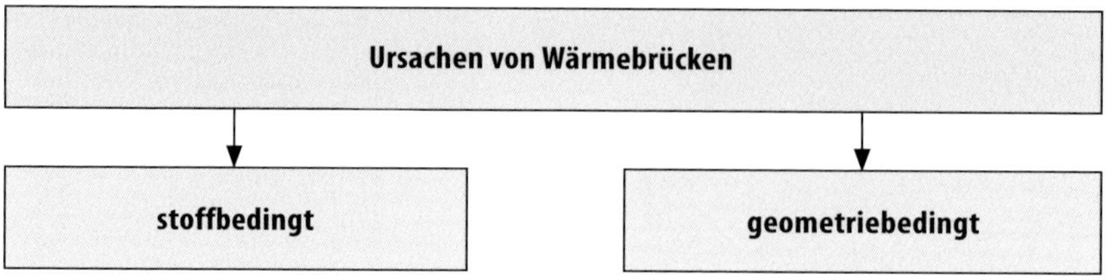

Abb. 2.9: Ursachen von Wärmebrücken (Quelle: Hankammer, Gunter: Wärme- und klimabedingter Feuchteschutz, Technische Beurteilung. In: Ganten, Hans/Kindereit, Eduard: Typische Baumängel. NJW Praxis. München: Verlag C. H. Beck, 2010)

2.3.5 Wärmebrücken

Wärmebrücken sind eingrenzbare Bereiche von Bauteilen, bei denen es zu einer verstärkten Wärmestromlinienkonzentration ausgehend von der Zone mit höheren Temperaturen zu den Bereichen mit niedrigeren Temperaturen kommt. Im Winterhalbjahr entsteht die Wärmebrückenwirkung von innen nach außen, mit der Folge, dass an der inneren Bauteiloberfläche im Vergleich zur Umgebung niedrigere Temperaturen auftreten. Da Kälte keine physikalische Größe ist, sondern lediglich eine Empfindung des Menschen beschreibt, ist der Begriff Kältebrücke physikalisch nicht belegt. Unterschieden nach ihrer Ursache existieren stoffbedingte Wärmebrücken und geometriebedingte Wärmebrücken (siehe Abb. 2.9).

Stoffbedingte Wärmebrücken liegen z. B. vor, wenn Bauteile mit einer hohen Wärmeleitfähigkeit zwischen Bauteilen mit einer geringen Wärmeleitfähigkeit angeordnet werden.

Geometriebedingte Wärmebrücken finden sich z. B. in Raumecken, weil es hier aufgrund der im Verhältnis zur Innenoberfläche größeren Außenoberfläche zu einem verstärkten Wärmestrom von innen nach außen kommt.

Im senkrechten Außeneckbereich von rechtwinklig zueinander stehenden Außenwänden oder im waagerechten Anschluss von Außenwänden zur obersten Geschossdecke ist die innenseitige Erwärmungsfläche kleiner als die außenseitige Auskühlungsfläche. Die Folge ist ein lokal überproportionaler Wärmeverlust, wie er auch von Kühlrippen her bekannt ist. Selbst wenn die Mindestwerte der Wärmeschutzverordnung und der DIN 4108 eingehalten worden sind, kommt es auf diese Weise dazu, dass die innenseitige Oberflächentemperatur sich in den Raumecken erheblich niedriger einstellt

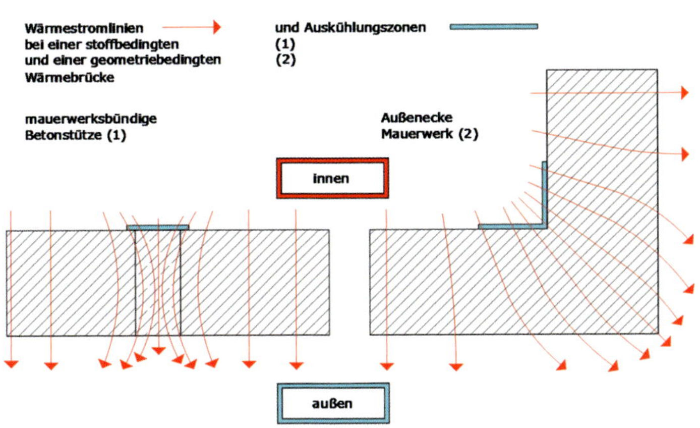

Abb. 2.10: Wärmebrücken

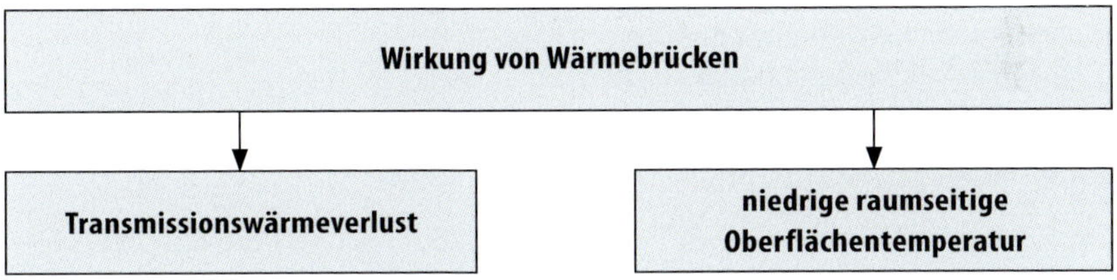

Abb. 2.11: Wirkung von Wärmebrücken (Quelle: Hankammer, Gunter: Wärme- und klimabedingter Feuchteschutz, Technische Beurteilung. In: Ganten, Hans/Kindereit, Eduard: Typische Baumängel. NJW Praxis. München: Verlag C. H. Beck, 2010)

als an den Wandflächen. In besonderer Weise betroffen hiervon sind die Raumecken im Deckenanschlussbereich und im Fußbodenanschlussbereich zu Kaltzonen, weil die Wärmebrückenwirkung hier dreidimensional auftritt. Beispielhaft zu nennen sind in diesem Zusammenhang Erdgeschosswohnungen oberhalb von luftdurchspülten Tiefgaragen oder Souterrainwohnungen, deren Außenwände unmittelbar an das Erdreich grenzen.

Wärmebrücken können einerseits in Wärmeverlusten und andererseits in einer Absenkung der raumseitigen Oberflächentemperatur resultieren (siehe Abb. 2.10 und 2.11).

2.4 Begriff und Kennwerte der elektrischen Leitfähigkeit

2.4.1 Elektrische Leitfähigkeit

Bei den Messverfahren zur Bestimmung der Feuchte eines Baustoffs, die auf der elektrischen Widerstandsmessung beruhen, wird über 2 in das Prüfmaterial eingesteckte Elektroden ein Prüfstrom in das Material eingeleitet. Die elektrische Leitfähigkeit gibt als physikalische Größe die Fähigkeit eines Stoffes an, elektrischen Strom zu leiten. Das Formelzeichen der elektrischen Leitfähigkeit ist σ. Die abgeleitete SI-Einheit der elektrischen Leitfähigkeit ist Siemens pro m (S/m). Der Kehrwert der elektrischen Leitfähigkeit ist der spezifische Widerstand.

$$\sigma = \frac{1}{\rho} \; (\mathrm{S/m}) \tag{2.22}$$

mit

σ elektrische Leitfähigkeit in S/m
ρ spezifischer Widerstandin $\Omega \cdot$ m

2.4.2 Dielektrizitätszahl

Die Dielektrizitätszahl ε_r, auch Permittivitätszahl, relative Permittivität oder dielektrische Leitfähigkeit, gibt die Durchlässigkeit eines Materials für elektrische Felder an. Sie ist das Verhältnis der Permittivität ε eines Materials zu der elektrischen Feldkonstante ε_0 (Permittivität des Vakuums).

$$\varepsilon_r = \varepsilon : \varepsilon_0 \tag{2.23}$$

mit

ε_r Dielektrizitätszahl
ε Permittivität
ε_0 elektrische Feldkonstante, Permittivität des Vakuums

Tabelle 2.8 zeigt eine Übersicht von Beispielen für Dielektrizitätszahlen.

Die Dielektrizitätszahl eines Materials lässt sich ermitteln, indem es als Teil des Dielektrikums z. B. zwischen 2 Elektrodenplatten eines Kondensators gebracht wird. Das Dielektrikum übernimmt innerhalb des Kondensators die isolierende Eigenschaft zwischen den Elektroden. Zwischen den beiden Elektroden wird unter angelegter Spannung ein hochfrequentes elektrisches Feld erzeugt (siehe Abb. 2.12). Dabei muss sich das zu untersuchende Material nicht zwingend räumlich direkt zwischen den beiden Elektroden befinden, da auch beim Anlegen der Elektroden an eine Materialoberfläche elektrische Streufelder in der oberflächennahen Kontaktzone entstehen. Dies ist auch der Grund dafür, dass die Eindringtiefe bei der Messung im Dielek-

Tabelle 2.8: Beispiele für Dielektrizitätszahlen

Material	Dielektrizitätszahlen
Wasser (0 °C)	88
Wasser (18 °C)	81,1
Wasser (40 °C)	73,4
Luft (0 °C, 105 Pa)	1,000576
Luft (0 °C, 107 Pa)	1,05404
Vakuum	1

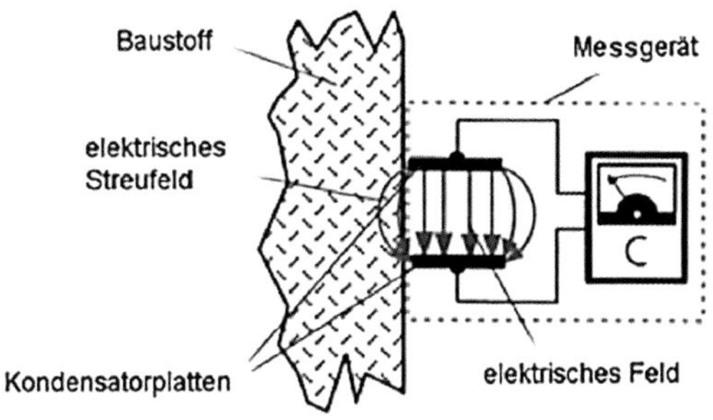

Abb. 2.12: Wirkungsweise eines dielektrischen Messgerätes (Quelle: FTA-Trocknung Aktuell, 1/96)

trizitätsverfahren sich je nach der Materialart nur auf wenige Zentimeter beschränkt. Hohe Dielektrizitätszahlen stehen für einen hohen Wassergehalt innerhalb des Stoffes, niedrige Dielektrizitätszahlen für einen geringen Wassergehalt. Die Form des Kondensators mitsamt den Elektrodenplatten und dem Dielektrikum kann dabei platten-, walzen- oder kugelförmig sein.

Der Gerätehersteller GANN zeigt in seiner Bedienungsanleitung die physikalischen Einflüsse der Materialbeschaffenheit auf.

Neben dem gewollten Effekt der Feuchtebestimmung anhand der Leitfähigkeitsmessung gibt es auch einige ungewollte Effekte, bei denen ebenfalls eine erhöhte Leitfähigkeit des Baustoffs vorliegt, ohne dass dies jedoch auf eine erhöhte Materialfeuchte zurückzuführen ist.

Abb. 2.13: Die Aluminiumkaschierung unterhalb der Tapete verfälscht den Messwert der elektrischen Leitfähigkeit.

Abb. 2.14: Salze im Wandaufbau beeinflussen die elektrische Leitfähigkeit.

Metalle im Untergrund

Metallische Gegenstände in der Nähe der Messebene führen ebenfalls zu einer erhöhten elektrischen Leitfähigkeit des Baustoffs, ohne dass hier zwingend Feuchte vorhanden sein muss. Bei der Bauwerksdiagnostik machen sich derartige Störeinflüsse insbesondere bemerkbar bei:

- bewehrtem Beton,
- Aluminiumtapeten (siehe Abb. 2.13),
- unter dem Putz verlegten metallischen Leitungen.

Derartige Störeinflüsse müssen erkannt und entsprechend berücksichtigt werden, wenn das Ergebnis der durchgeführten Messungen qualifiziert beurteilt werden soll.

Salze innerhalb von Baustoffen

Auch Salze innerhalb von Baustoffen (siehe Abb. 2.14) können in veränderten Randbedingungen resultieren. Einerseits können sie zu einer Veränderung des hygroskopischen Baustoffverhaltens führen; andererseits ver-

Abb. 2.15: Orientierende Messung der elektrischen Leitfähigkeit mit der Kugelkopfmesssonde an der Innenseite der Außenwand in einem Badezimmer. In den Bereichen mit spotartigen Schimmelansiedlungen zeigt das Messgerät 47 Digits an.

Abb. 2.16: Der Schimmelbefall liegt ungleichmäßig vor. Helle Zonen mit senkrechten Laufspuren weisen darauf hin, dass versucht wurde, den Schimmel mit einem Sprühmittel zu beseitigen. In den auf diese Weise behandelten hellen Zonen der Wand lagen jeweils deutlich erhöhte Messwerte vor von z. B. 152 Digits.

ursachen Salze, die in Kapillarporen eingelagert sind, auch eine nach oben gerichtete Veränderung der elektrischen Leitfähigkeit. Auch bei Unkenntnis der physikalischen Zusammenhänge kann es infolge der unsachgemäßen Handhabung von Messgeräten und Messsonden zu einer Abweichung zwischen dem tatsächlichen Zustand des Messobjektes und dem scheinbar gemessenen Sachverhalt kommen. Derartige Abweichungen führen zu falschen Interpretationen der Messung und zu fehlerhaften Beurteilungen des Untersuchungsobjekts.

Auch der Einsatz von Schimmelbekämpfungsmitteln mit chemischen Wirkstoffen kann zu einer Beeinflussung der Messergebnisse bei Anwendung des Dielektrizitätsverfahrens führen, wenn sich dadurch Salze in den oberflächennahen Zonen von Baustoffen, wie z. B. im Putz, ablagern (siehe Abb. 2.15 und 2.16).

3 Schadensursachen und Einsatzgebiete

Eine gut durchgeführte Bauwerksdiagnostik ist essenziell für die korrekte Bewertung und Überwachung verschiedenster Bauvorhaben. Die Einsatzgebiete sind vielseitig und benötigen individuelle Verfahren und Messgeräte. Im folgenden Kapitel werden kurz die wichtigsten Einsatzgebiete sowie deren relevanteste Schadensursachen vorgestellt. Die Unterkapitel schließen jeweils mit einer Auflistung der gängigsten Messverfahren, die in Kapitel 4 näher beschrieben werden.

3.1 Bauwerksabdichtung

Bauwerksabdichtungen spielen eine entscheidende Rolle beim Schutz von Gebäuden und Infrastrukturen vor Feuchte, Wasser und anderen Umwelteinflüssen. Sie sind dafür verantwortlich, das Eindringen von Wasser in die Struktur zu verhindern und somit Schäden an den Bauelementen, wie Beton, Mauerwerk oder Holz, zu vermeiden. Bauwerksabdichtungen sind jedoch nicht immer fehlerfrei und können im Laufe der Zeit beschädigt werden (siehe Abb. 3.1 und 3.2). Diese Schäden können zu erheblichen Problemen führen, wie z. B. Feuchte- und Schimmelbildung, Korrosion, struktureller Instabilität und Wertminderung des Gebäudes. Daher ist es von großer Bedeutung, die möglichen Schäden an Bauwerksabdichtungen frühzeitig zu erkennen und entsprechende Maßnahmen zur Instandsetzung zu ergreifen.

Abb. 3.1: Außenabdichtung eines Kellers

Abb. 3.2: Wasser im Keller infolge mangelhafter Außenabdichtung

Einzusetzende Messverfahren:

- Anemometer
- Datenlogger
- dielektrische Messung
- Druckdifferenzmessung
- EFT-Messung
- Endoskopie
- Isotopenanalyse
- Radarverfahren
- Thermografie
- Widerstandsmessung

3.2 Estrichfeuchte

Der Estrich ist ein wesentliches Bauteil bei dem Bau und der Renovierung von Gebäuden. Er wird im Verbund, auf Trennlage oder als schwimmender Estrich eingebaut und bildet eine stabile Basis für Bodenbeläge. Die Feuchte im Estrich kann jedoch zu erheblichen Problemen führen, wenn sie nicht ordnungsgemäß kontrolliert wird.

Die Estrichfeuchte kann auf verschiedene Weise entstehen, wie z. B. durch den Einbau, das Eindringen von Wasser aus dem Untergrund oder eine unzureichende Trocknung während der Bauphase. Ist die Feuchte im Estrich zu hoch, kann dies zu Schäden an Bodenbelägen führen, wie z. B. Ablösen, Verformungen oder sogar Schimmelbildung. Darüber hinaus können hohe Feuchtewerte im Estrich zu einer Beeinträchtigung des Raumklimas und der Gesundheit der Bewohner führen, da sie die Bildung von Schimmelpilzen und das Wachstum von Bakterien begünstigen.

Um solche Probleme zu vermeiden, ist es wichtig, die Estrichfeuchte zu messen und zu kontrollieren (siehe Abb. 3.3). Hierfür existieren verschiedene Verfahren, wie z. B. die gravimetrischen Verfahren und die CM-Messung (Calciumcarbid-Methode) (siehe Abb. 3.4), die elektronische Feuchtemessung oder die Methode der korrespondierenden relativen Luftfeuchte (KRL-Methode). Diese Messungen ermöglichen es, den Feuchtegehalt des Estrichs zu bestimmen und entsprechende Maßnahmen zu ergreifen, um eine ausreichende Trocknung zu gewährleisten.

Eine angemessene Estrichfeuchteregulierung ist entscheidend, um die langfristige Stabilität und Funktionalität von Bodenbelägen zu gewährleisten und um ein zweckentsprechendes Raumklima in Gebäuden zu erhalten.

Einzusetzende Messverfahren:

- Bohrmehlverfahren
- CM-Messung
- dielektrische Messung
- KRL-Methode
- Mikrowellenmessverfahren
- Widerstandsmessung

Abb. 3.3: Öffnung im Estrich zur Materialentnahme

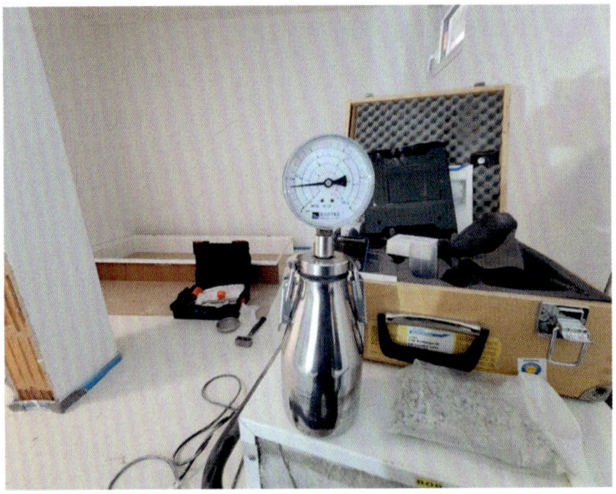

Abb. 3.4: CM-Messung zur Bestimmung der Belegereife des Estrichs

3.3 Fassaden

Fassaden spielen eine entscheidende Rolle für das Erscheinungsbild und die Funktionalität eines Gebäudes. Sie dienen nicht nur als ästhetische Visitenkarte, sondern schützen auch das Innere vor Umwelteinflüssen wie Witterung, Feuchte und Schadstoffen. Fassaden sind jedoch häufig verschiedenen Belastungen ausgesetzt, die im Laufe der Zeit zu Schäden führen können.

Fassadenschäden können unterschiedliche Ursachen haben. Witterungseinflüsse wie Regen, Schnee, Frost und UV-Strahlung setzen der Fassade im Laufe der Zeit zu. Temperaturschwankungen, Feuchte und Luftverschmutzung können ebenfalls schädlich sein. Darüber hinaus können mechanische Einwirkungen wie Stöße oder Vibrationen zu Rissen, Brüchen oder Abplatzungen führen. Auch unsachgemäße Bauweise, mangelnde Wartung oder unzureichende Materialqualität können die Anfälligkeit für Fassadenschäden erhöhen.

Die Auswirkungen von Fassadenschäden können vielfältig sein. Ästhetisch betrachtet können Risse, Verfärbungen, Abblätterungen oder Algen- und Schimmelbildung das Erscheinungsbild des Gebäudes erheblich beeinträchtigen. Funktional gesehen können Fassadenschäden die Wärmedämmung und den Energieverbrauch negativ beeinflussen, was zu höheren Heizkosten führt. Daneben kann es zu einer reduzierten Nutzungsdauer kommen. Darüber hinaus kann Feuchte durch beschädigte Fassaden in das Gebäude eindringen (siehe Abb. 3.5 und 3.6) und zu strukturellen Schäden und Schimmelbildung im Inneren führen, was die Gesundheit der Bewohner gefährdet.

Um Fassadenschäden zu vermeiden oder frühzeitig zu erkennen, sind regelmäßige Inspektionen, Wartungen und Instandhaltungen unerlässlich. Professionelle Fachleute können potenzielle Probleme identifizieren und geeignete Reparatur- oder Renovierungsmaßnahmen empfehlen. Darüber hinaus sind die Verwendung hochwertiger Materialien und eine fachgerechte Bauweise von Anfang an von großer Bedeutung, um die Langlebigkeit und Widerstandsfähigkeit der Fassade zu gewährleisten.

Abb. 3.5: Durchfeuchtete Außenwand infolge eines undichten Regenfallrohres

Abb. 3.6: Durchfeuchtetes Mauerwerk und Putz infolge eines Wasserschadens im Dachgeschoss

Die rechtzeitige Erkennung und angemessene Behandlung von Fassadenschäden sind entscheidend, um die Lebensdauer eines Gebäudes zu verlängern, seine ästhetische Attraktivität zu bewahren und seine Funktionalität zu gewährleisten.

Einzusetzende Messverfahren:

- Datenlogger
- dielektrische Messung
- Druckdifferenzmessung
- Fernglas
- Franke'sche Prüfplatte
- Glasmessung
- Mikroskopie
- Radarverfahren
- Rauchgasverfahren
- Spraybar
- Thermografie
- Videoskopie
- Widerstandsmessung

3.4 Feuchtemessung

Feuchtemessungen spielen eine entscheidende Rolle in vielen Bereichen, sei es in der Industrie, im Bauwesen, in der Landwirtschaft oder sogar im Alltag. Die Bestimmung des Feuchtegehalts von Materialien oder Umgebungen ist von großer Bedeutung, da Feuchte zu erheblichen Schäden führen kann. Feuchtemessungen ermöglichen es dem Anwender, Schäden zu erkennen, Qualitätsstandards einzuhalten und optimale Bedingungen zu gewährleisten.

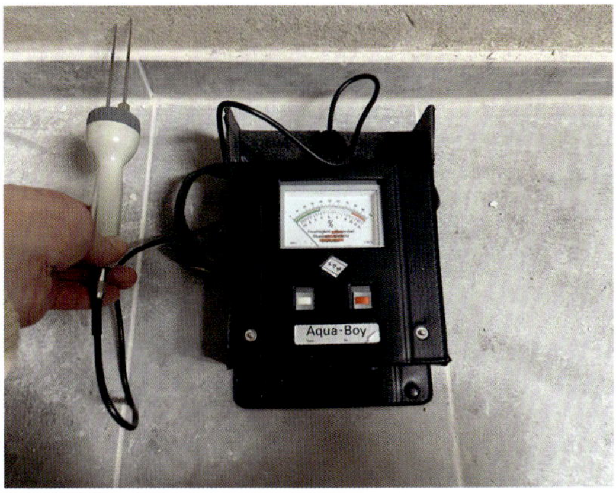

Abb. 3.7: Widerstandsmessung mit dem Aqua-Boy wie vor 70 Jahren, analoge Anzeige und eine Ledertasche

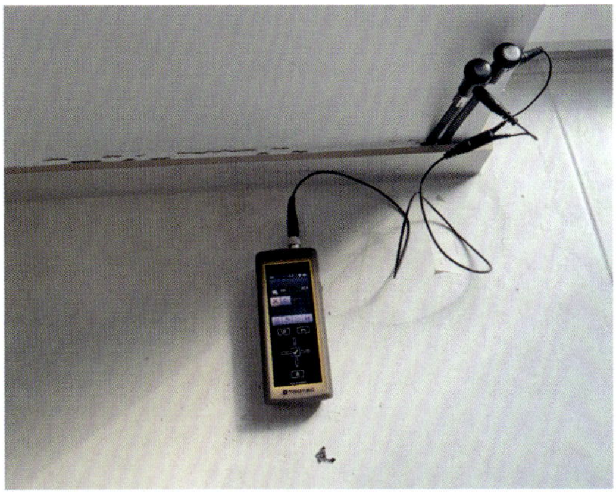

Abb. 3.8: Widerstandsmessung mit dem T 3000 im Jahr 2023. Moderne Messgeräte haben ein Touchdisplay und eine digitale Anzeige.

Mit einer Feuchtemessung kann der Wasseranteil in einem Baustoff oder einer Umgebung quantitativ oder qualitativ gemessen werden. Feuchte kann unterschiedliche Formen annehmen, sei es als flüssiges Wasser, als Wasserdampf oder als Feuchte, die in Baustoffen eingeschlossen ist. Je nach Anwendungsbereich gibt es verschiedene Verfahren und Geräte, um die Feuchte zu messen.

Im Bauwesen ist die Messung der Feuchte in Baustoffen von entscheidender Bedeutung, um Schimmelbildung, Schäden an Gebäuden und andere negative Folgen zu vermeiden.

Einzusetzende Messverfahren:

- Bohrmehl-Verfahren
- CM-Messung
- Darrverfahren
- Datenlogger
- dielektrische Messung
- hygrometrische Messung
- KRL-Methode
- Mikrowellenmessverfahren
- Neutronensonde
- Thermografie
- Temperatur und Luftfeuchte
- Widerstandsmessung (siehe Abb. 3.7 und 3.8)

3.5 Gebäudehülle

Die Gebäudehülle bildet die äußere Schutzschicht eines Gebäudes und erfüllt eine Vielzahl wichtiger Funktionen. Sie dient als Barriere gegen Witterungseinflüsse, wie Regen, Wind, Schnee und UV-Strahlung, und sorgt für eine angemessene Wärmedämmung sowie Energieeffizienz. Eine intakte Gebäudehülle gewährleistet zudem den Schutz vor Feuchte, Schimmelbildung und anderen Schäden, die das Gebäude und seine Bewohner beeinträchtigen könnten.

Schäden an der Gebäudehülle sind jedoch keine Seltenheit und können durch verschiedene Faktoren verursacht werden. Witterungseinflüsse, Alterung, unsachgemäße Installation, mangelnde Wartung oder Unfälle können zu Rissen, Undichtigkeiten, Fassadenverfall, Isolierungsproblemen und anderen Schäden führen. Solche Schäden können nicht nur die ästhetische Erscheinung des Gebäudes beeinträchtigen, sondern auch schwerwiegende Auswirkungen auf die Funktionalität und Sicherheit haben.

Einzusetzende Messverfahren:

- Anemometer
- Druckdifferenzmessung
- Endoskopie
- Fernglas
- Franke'sche Prüfplatte
- Glasmessung
- Karsten'sches Prüfröhrchen
- Mikroskopie
- Spraybar
- Thermografie

3.6 Flachdächer

Im Gegensatz zu geneigten Dächern sind Flachdächer anfälliger für Schäden aufgrund von Wasseransammlungen, undichten Stellen, Witterungseinflüssen, Bewuchs (siehe Abb. 3.9 und 3.10) und Alterung. Die häufigsten Arten von Flachdachschäden umfassen Undichtigkeiten, Risse, Blasenbildung, Abplatzungen und Ablösungen der Dachabdichtungsmaterialien (siehe Abb. 3.11). Diese Schäden können zu erheblichen Problemen führen, einschließlich Wassereintritt, struktureller Instabilität, Schimmelbildung und Energieverlust. Daher sind die regelmäßige Inspektion und Instandhaltung von Flachdächern hervorzuheben, um Schäden zu vermeiden oder frühzeitig zu erkennen und zu beheben.

Abb. 3.9 und 3.10: Bewuchs auf dem Flachdach (Quelle: Strobl Schadenmanagement GmbH, Holzkirchen)

Abb. 3.11: Lose Abdichtung (Quelle: Strobl Schadenmanagement GmbH, Holzkirchen)

Einzusetzende Messverfahren:

- EFT-Messung
- Elektroimpulsverfahren
- Endoskopie
- Färbemittel
- Isotopenanalyse
- Neutronensonde
- Rauchgasverfahren
- Thermografie
- Tracergasverfahren

3.7 Rohrbrüche

Rohrbrüche sind ein häufiges Problem, das sowohl in privaten Haushalten als auch in industriellen Anlagen auftreten kann. Sie können zu erheblichen Schäden führen und erfordern oft sofortige Maßnahmen, um die Situation zu kontrollieren und mögliche Folgeschäden zu begrenzen. Ein Rohrbruch tritt auf, wenn ein Rohr, das normalerweise Flüssigkeiten oder Gase transportiert, plötzlich beschädigt wird (siehe Abb. 3.12 bis 3.14). Die Ursachen für Rohrbrüche können vielfältig sein und reichen von Materialermüdung und Alterung bis hin zu hohen Druckspitzen oder externen Einflüssen wie Bauarbeiten oder Frost.

Einzusetzende Messverfahren:

- dielektrische Messung
- Druckpumpe
- Endoskopie
- Färbemittel
- Frequenzanalyse
- Gasdetektionsverfahren
- Isotopenanalyse
- Korrelator
- Mikrowellenmessverfahren
- Neutronensonde
- Rohrkamera
- Thermografie
- Tonfrequenzanalyse
- Tracergasverfahren
- Widerstandsmessung

3.8 Schimmel

Schimmelschäden stellen ein weitverbreitetes Problem dar, das sowohl in privaten Haushalten als auch in gewerblichen Gebäuden auftreten kann (siehe Abb. 3.15 bis 3.17). Schimmel ist eine Form von Pilzbefall, der durch feuchte Umgebungen und unzureichende Belüftung begünstigt wird. Wächst Schimmel in einem Gebäude, kann dies nicht nur die Ästhetik beeinträchtigen, sondern auch gesundheitliche Probleme verursachen. Schimmelpilze können allergische Reaktionen, Atemwegserkrankungen und andere gesundheitliche Beschwerden auslösen. Darüber hinaus können Schimmelschäden zu strukturellen Problemen führen und den Wert einer Immobilie mindern. Es ist daher von großer Bedeutung, Schimmelprobleme frühzeitig zu erkennen, angemessen zu behandeln und ihnen vorzubeugen.

Einzusetzende Messverfahren:

- CO_2-Messung
- Datenlogger
- dielektrische Messung
- Druckdifferenzmessung

Abb. 3.12: Riss in einer Rohrverbindung (Quelle: Strobl Schadenmanagement GmbH, Holzkirchen)

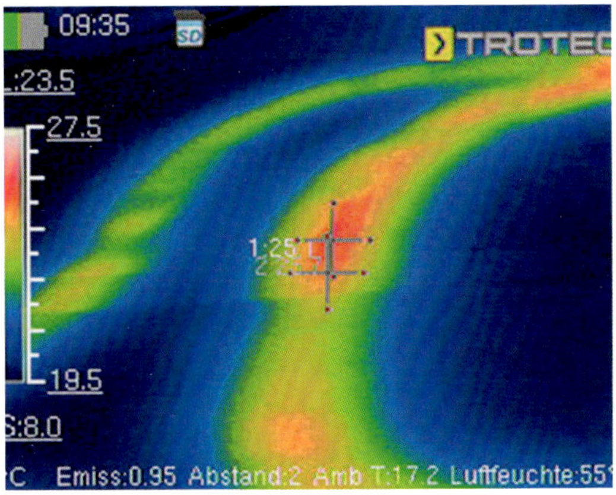

Abb. 3.13: Undichte Heizungsleitung (Quelle: Strobl Schadenmanagement GmbH, Holzkirchen)

Abb. 3.14: Korrosion an einem Rohr (Quelle: Strobl Schadenmanagement GmbH, Holzkirchen)

Abb. 3.15: Verschimmelter Dachboden

Abb. 3.16: Schimmelbildung in einer Trockenbauwand infolge eines Wasserschadens

Abb. 3.17: Verschimmelte Fertigbetonteile in einer Lagerhalle

- Endoskopie
- gravimetrische Verfahren
- Infrarot-Oberflächentemperatur-Messung
- Klimasonde
- Kontaktthermometer
- Thermografie
- Widerstandsmessung

3.9 Wärmebrücken

Wärmebrücken sind ein wichtiger Aspekt der Gebäudethermik und spielen eine bedeutende Rolle bei der Energieeffizienz von Gebäuden. Eine Wärmebrücke entsteht, wenn an einer bestimmten Stelle in der Gebäudehülle mehr Wärme verloren geht als an anderen Stellen (siehe Abb. 3.18 und 3.19). Dies kann auf unterschiedliche Baukonstruktionen, Materialien oder geometrische Gegebenheiten zurückzuführen sein, die eine schlechtere Wärmedämmung oder eine erhöhte Wärmeübertragung ermöglichen. Wärmebrücken können zu unerwünschten Effekten wie Kondensatbildung, Schimmelwachstum, erhöhtem Energieverbrauch und thermischem Unbehagen führen. Die Thermografie ist als Diagnoseverfahren zur Lokalisation von Wärmebrücken in Gebäuden hervorzuheben (siehe Kapitel 4.33). Ein Verständnis der Wärmebrückenproblematik ist entscheidend, um energieeffiziente und komfortable Gebäude zu planen und zu errichten.

Einzusetzende Messverfahren:

- Anemometer
- Datenlogger
- dielektrische Messung
- Druckdifferenzmessung
- Endoskopie
- Thermografie
- Widerstandsmessung

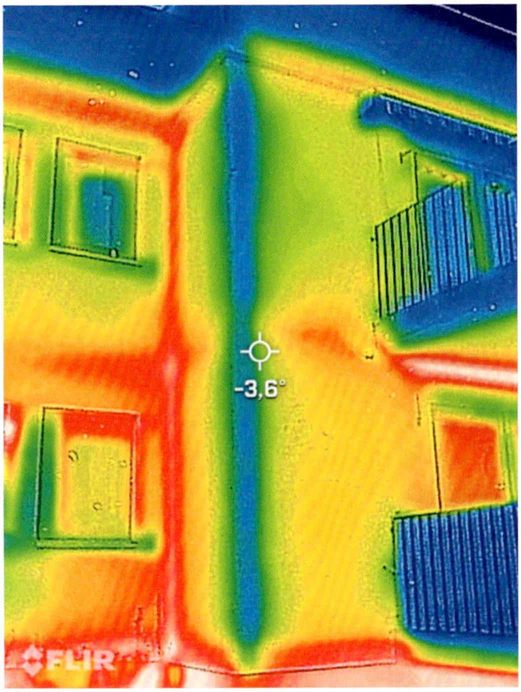

Abb. 3.18: Wärmeverluste an einer nicht gedämmten Fassade

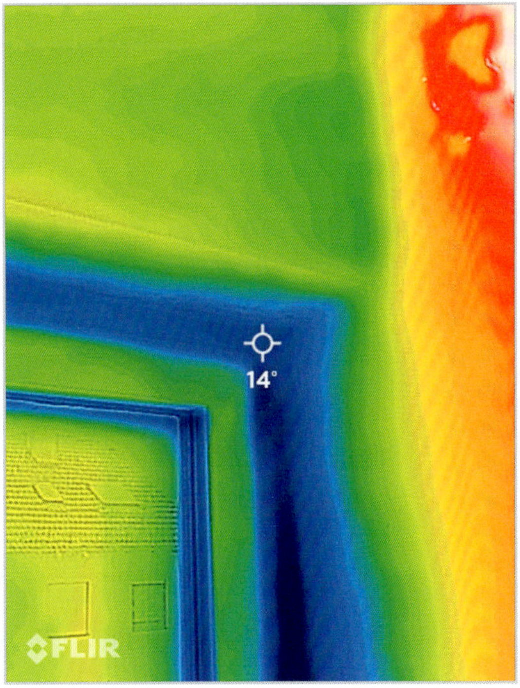

Abb. 3.19: Eine ausgekühlte Fensterecke ist eine typische Wärmebrücke.

4 Diagnoseverfahren und Messgeräte – Funktionsweise, physikalischer Hintergrund, Normen

Die Bauwerksdiagnostik spielt eine entscheidende Rolle bei der Bewertung und Überwachung der strukturellen Integrität von Gebäuden und Bauwerken. Sie umfasst eine Reihe von Untersuchungsmethoden, die eingesetzt werden, um potenzielle Schäden, Mängel oder Schwachstellen in der Bausubstanz zu identifizieren. Die frühzeitige Erkennung und Bewertung solcher Probleme ist von großer Bedeutung, um die Sicherheit, Langlebigkeit und Funktionalität von Bauwerken zu gewährleisten.

Die Bauwerksdiagnostik umfasst verschiedene Techniken und Instrumente, darunter visuelle Inspektionen, zerstörungsfreie Prüfverfahren wie Ultraschall, Röntgen, Thermografie und andere, sowie Materialanalysen und Laboruntersuchungen. Diese diagnostischen Verfahren ermöglichen es den Fachleuten, den Zustand eines Bauwerks umfassend zu bewerten, vorhandene Schäden zu identifizieren, deren Ursachen zu ermitteln und geeignete Reparatur- oder Sanierungsmaßnahmen vorzuschlagen.

Die Bauwerksdiagnostik findet Anwendung in verschiedenen Bereichen, wie z. B. im Hoch- und Tiefbau, in Brücken, Tunneln, historischen Gebäuden und vielen anderen Bauwerken. Sie wird sowohl bei Neubauten eingesetzt, um die Qualität der Konstruktion zu überprüfen, als auch bei bestehenden Bauwerken, um Alterungserscheinungen, Schäden durch Umwelteinflüsse oder strukturelle Schwächen zu erkennen.

In diesem Kapitel werden die verschiedenen Verfahren der Bauwerksdiagnostik vorgestellt, einschließlich ihrer Bedeutung, Methoden und Anwendungsgebiete, um den Lesenden das schnelle Auffinden eines speziellen Messgerätes oder Messverfahrens zu erleichtern.

4.1 Sichtkontrolle und Tastbefund

Bei der orientierenden Prüfung im Sicht- und Tastbefund lassen sich 4 Feuchtestufen unterscheiden (vgl. Tabelle 4.1).

Tabelle 4.1: Bewertungsschema zur orientierenden Beurteilung der 4 Feuchtestufen

Stufe	Prüfung		Merkmal	Bezeichnung
	ertasten	visuell		
1	x		loser Staub und Sand (siehe Abb. 4.1)	trocken
2	x		an den Fingern anhaftender Staub, Sand und EPS-Partikel (siehe Abb. 4.2)	Feuchtefilm
3	x	x	an den Fingern anhaftendes Flüssigwasser (siehe Abb. 4.3 bis 4.6)	Flüssigwasserfilm
4		x	stehender Wasserpegel und Tropfwasser (4.7 bis 4.9)	Flüssigwasser

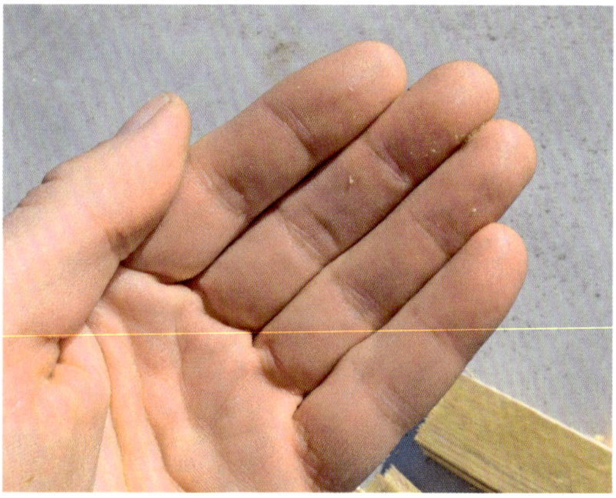

Abb. 4.1: Feuchtestufe 1 – trocken. Lose Sandkörner und andere Partikel haften an den Fingern.

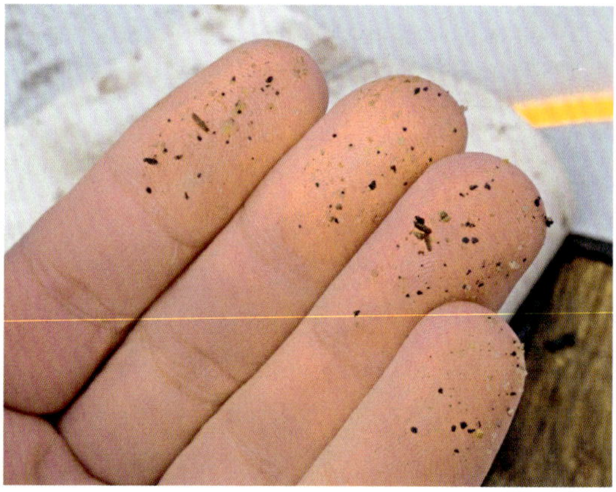

Abb. 4.2: Feuchtestufe 2 – Feuchtefilm. An den Fingern haften Staub und Sand in gebundener Form an, aber kein Wasser in tropfbar flüssiger Form.

Abb. 4.3 und 4.4: Feuchtestufe 3 – Flüssigwasserfilm. An den Fingern haftet Wasser in tropfbar flüssiger Form an.

Abb. 4.5 und 4.6: Feuchtestufe 3 – Flüssigwasserfilm. Auf dem Untergrund mit sichtbaren Oberflächenkonturen spiegelt sich das Wasser ohne einen Pegelstand.

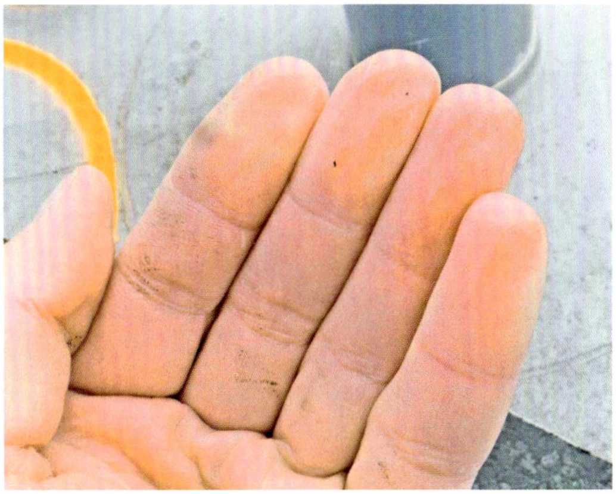

Abb. 4.7 und 4.8: Feuchtestufe 4 – Flüssigwasser. An den Fingern haftet Wasser in tropfbar flüssiger Form an.

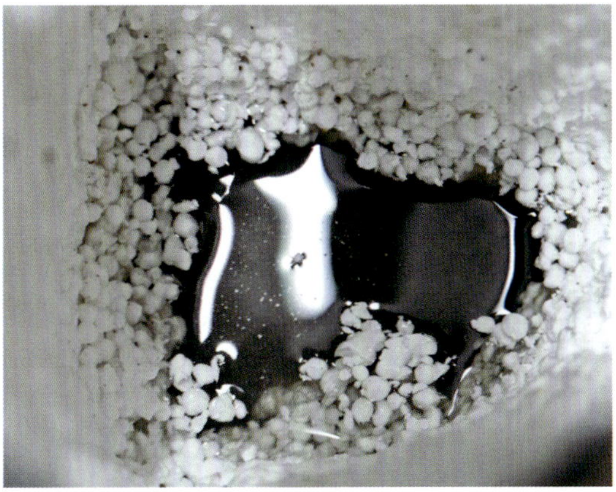

Abb. 4.9: Feuchtestufe 4 – Flüssigwasser. Auf dem Untergrund ohne sichtbare Oberflächenkonturen steht das Wasser mit messbarem Pegelstand.

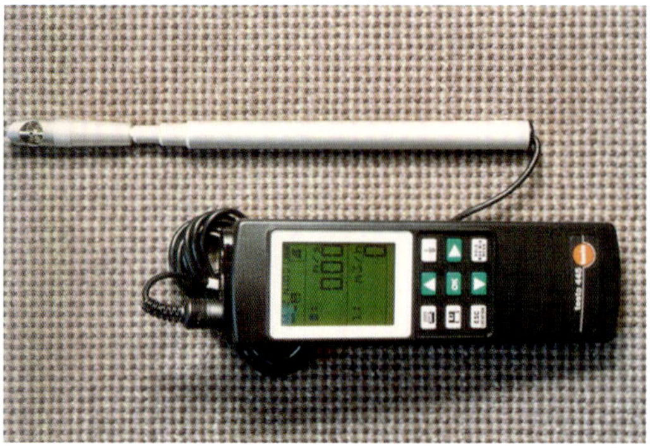

Abb. 4.10: Elektronisches Messgerät mit Flügelrad-Anemometer-Messsonde

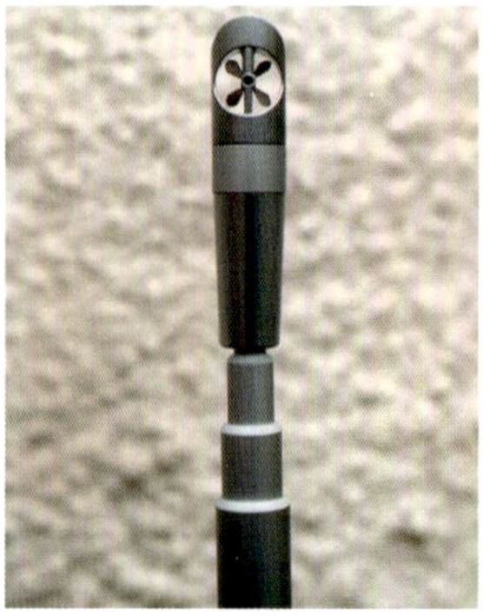

Abb. 4.11: Detailaufnahme Flügelrad-Anemometer-Messsonde

4.2 Anemometer

Anemometer dienen der Messung von Luftgeschwindigkeiten. Sie werden in 2 Gruppen unterteilt:

- mechanische und
- elektronische Anemometer.

Mechanische Anemometer messen die Luftgeschwindigkeit mithilfe eines Flügelrades (siehe Abb. 4.10 bis 4.12). Da hierbei ein gewisser Eigenwiderstand bzw. eine Reibung zwischen Achse und Aufnahme überwunden werden muss, leidet die Genauigkeit des Messwertes im unteren Bereich.

Das elektronische Anemometer (siehe Abb. 4.13) misst die Luftgeschwindigkeit über einen sich verändernden Widerstand. Das Messprinzip der sog. Heißfilmanemometer beruht auf dem Wärmetransport von einem elektrisch erwärmten Körper in das umgebende Medium. Dieser Transport ist von der Strömungsgeschwindigkeit dieses Mediums abhängig. Die Größe des Wärmeverlustes bei der Abkühlung ist abhängig von der Temperatur, dem Druck und der Geschwindigkeit der durchströmenden Luft. Ändert sich lediglich die Geschwindigkeit der zu messenden Luft, dann ist der aktuelle Wärmeverlust des Fühlers ein Maß für die augenblickliche Geschwindigkeit der Strömung.

Baulich bedingt gibt es neben einem Heißfilm auch Hitzedraht- oder Kugelsonden (siehe Abb. 4.14). Bei diesen Bauarten muss kein Reibungswiderstand überwunden werden; die elektronischen Anemometer sind daher wesentlich genauer.

Für die kombinierte Messung der Lufttemperatur und langsamer Luftbewegungen, wie sie bei Zugerscheinungen relevant sind, werden Behaglichkeitsmesssonden eingesetzt (siehe Abb. 4.15).

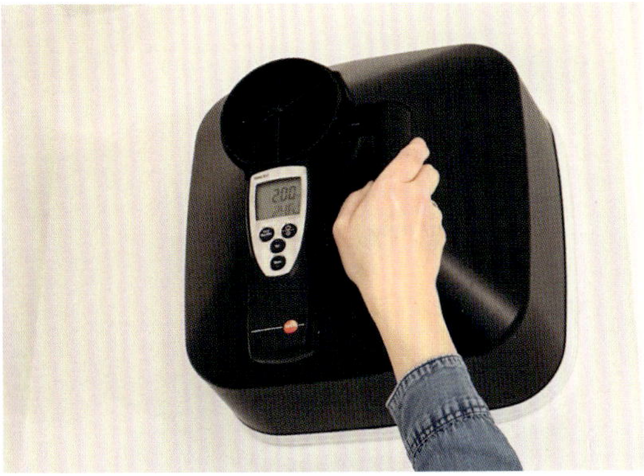

Abb. 4.12: Funktionsüberprüfung eines Einzelraumlüfters mit dem testovent-417-Messtrichter und dem testo-417-Flügelrad-Anemometer. Auf dem Display angezeigt werden die Lufttemperatur und der Volumenstrom.

Abb. 4.13: Airflow-Luftgeschwindigkeitsmessgerät mit Anemometer-Messsonde

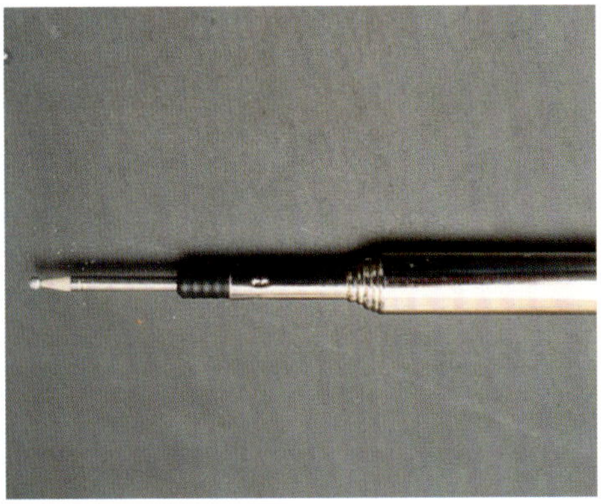

Abb. 4.14: Hitzekugel-Anemometer-Messsonde

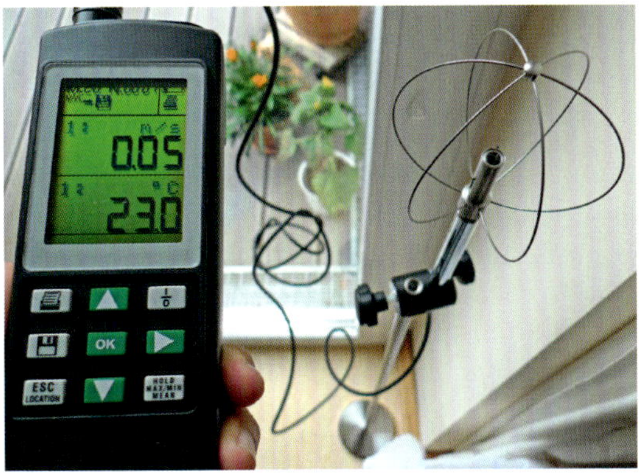

Abb. 4.15: Behaglichkeitsmesssonde

Eckdaten

Messverfahren/Messgerät	Anemometer
Messsonde	mechanisch/elektronisch
physikalische Grundlage	Reibung/Widerstandsmessung
obligatorische Anwendung	Luftgeschwindigkeit
optionale Anwendung	keine Angaben
Messbereich	m/s, km/h, Knoten
Auflösung	0,01 m/s
Gerätetoleranz	ab ± 0,04 m/s
Verfahrenstoleranz	keine Angaben
Kalibrierintervall	keine Angaben

4.3 Bohrmehlverfahren

Das Bohrmehlverfahren zur Bestimmung der Restfeuchte in Estrichen – als Alternative zur CM-Messung (siehe Kapitel 4.4) – befindet sich noch in der Versuchsphase. Bei dem Verfahren werden ein Hohlbohrer und eine langsam drehende Bohrmaschine verwendet. Das Bohrmehl gelangt über den Hohlbohrer und einen Schlauch direkt in einen dichten Auffangbehälter. Das so gewonnene und bevorratete Prüfgut kann anschließend mit der Feinwaage eingewogen und zur Feuchtebestimmung durch Messung der relativen Luftfeuchte in einem definierten Gefäß weiterverwendet werden. Der Vorteil gegenüber dem CM-Verfahren liegt in einer kürzeren Bearbeitungsdauer. Das Verfahren zählt jedoch noch nicht zu den anerkannten Regeln der Technik.

Ein Hersteller hat auf diesem Gebiet allerdings bereits vielversprechende Versuche vorgenommen und verwendet beim Bohren einen Hohlbohrer sowie eine spezielle, langsam drehende Bohrmaschine, durch die kaum Wärme im Bohrloch entsteht. Das Bohrmehl wird über eine Absaugvorrichtung direkt in einen verschlossenen Auffangbehälter gesaugt und kann aus diesem Behälter anschließend zur Bestimmung der Restfeuchte entnommen werden.

Abb. 4.16: Probeentnahme mit Hammer und Meißel über den gesamten Querschnitt des Estrichs

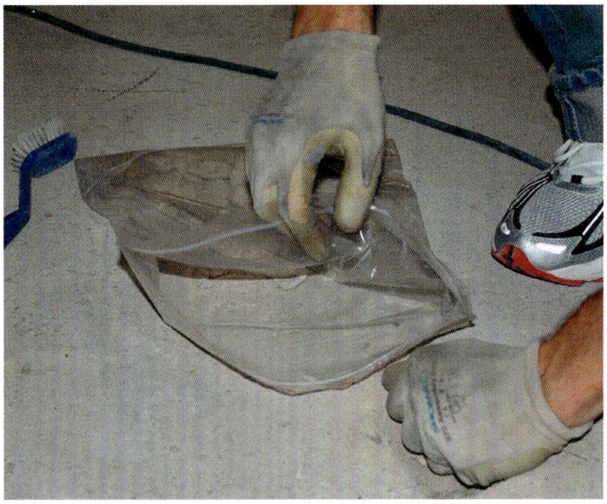

Abb. 4.17: Prüfgutentnahme aus dem Estrich und Lagerung in einem Plastikbeutel

4.4 CM-Verfahren

Mit dem CM-Verfahren, auch Calciumcarbidmethode, wird der Feuchtegehalt in Baustoffen bestimmt, überwiegend zur Ermittlung der Restfeuchte in Estrichen. Das CM-Verfahren setzt eine zerstörende Öffnung der zu untersuchenden Bausubstanz voraus. Es lässt sich in kurzer Zeit vor Ort anwenden und führt zu sehr genauen Ergebnissen. Das Messgerät kann jederzeit vor Ort mit einer Kalibrierampulle überprüft werden.

Das Verfahren wird nachfolgend anhand einer Estrichfeuchteprüfung beschrieben. Hierbei wird aus dem gesamten Querschnitt des Estrichs eine Probe entnommen, die entweder mit Hammer und Meißel (siehe Abb. 4.16) oder mit einem Stemmhammer herausgebrochen wird.

Bei der Prüfgutentnahme ist ein Handschuh zu tragen. Die Materialprobe wird in eine Plastiktüte gegeben (siehe Abb. 4.17), in der sie mit einem Fäustel zerkleinert wird. Das Prüfmaterial wird mit einer Feinwaage je nach Baustoff oder dem erwarteten Feuchtegehalt exakt auf entweder 20, 50 oder 100 g abgewogen und in die Druckflasche gegeben. Bei Calciumsulfatestrichen beträgt das Prüfgutgewicht obligatorisch 100 g. Hinzu kommen gerätespezifisch eine bestimmte Anzahl (3 oder 4) an Stahlkugeln und eine Glasampulle mit Calciumcarbid. Die Druckflasche wird mit dem Deckelmanometer verschlossen. Unter kreisenden Bewegungen wird die Flasche 2 Minuten geschüttelt. Dabei zermahlen die Stahlkugeln das Prüfgut und zerstören die Glasampulle. 5 Minuten nach dem Verschließen wird die Flasche nochmals 1 Minute geschüttelt. 10 Minuten nach dem Verschließen wird die Flasche letztmalig für 10 Sekunden aufgeschüttelt.

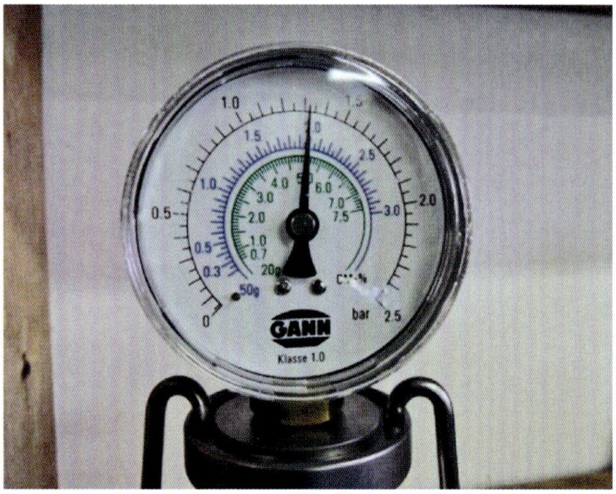

Abb. 4.18: Anzeige nach 7 Minuten: 2,0 CM-% bei einer Einwaage von 50 g Zementestrich (Quelle: G. Ludwig, Firma TTB, Brauerstr. 32, Buchholz)

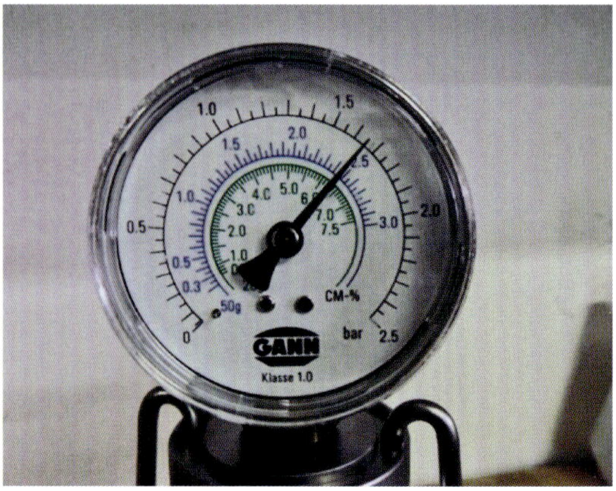

Abb. 4.19: Anzeige nach 10 Minuten: 2,5 CM-% bei einer Einwaage von 50 g Zementestrich (Quelle: G. Ludwig, Firma TTB, Brauerstr. 32, Buchholz)

Es findet eine chemische Reaktion zwischen dem Calciumcarbid aus der zerstörten Glasampulle und dem freien Wasser aus dem Prüfgut statt:

$$Ca_2C + 2H_2O \rightarrow C_2H_2 + Ca(OH)_2 \qquad (4.1)$$

mit

Ca_2C	Calciumcarbid
H_2O	Wasser
C_2H_2	Acetylengas
$Ca(OH)_2$	Calciumhydroxid

Das bei der Reaktion entstehende Acetylengas erzeugt einen Druckanstieg in der Flasche, der in bar über das aufgesetzte Manometer ablesbar ist (siehe Abb. 4.18 und 4.19). Mithilfe der jedem CM-Koffer beiliegenden Tabelle lässt sich der in bar ermittelte Wert als CM-Wert ablesen. Die farblichen Einteilungen auf dem Manometer ermöglichen auch das direkte Ablesen des CM-Werts abhängig von der Einwaage. Dieser CM-Wert entspricht nicht dem Wassergehalt in Masse-%. Bei der Dokumentation der Prüfungsergebnisse ist daher stets darauf zu achten, dass die Einheit CM-% angegeben wird.

Bei dem Entleeren der Flasche sollte das Prüfgut einer Sichtprüfung unterzogen werden. Ist das Prüfgut fein zermahlen, ist die CM-Messung in Ordnung; befinden sich jedoch noch unzermahlene Stücke darin – Steine zählen nicht dazu –, muss die Messung wiederholt werden (siehe Abb. 4.20 und 4.21).

Abb. 4.20: Prüfgut einer CM-Messung, das nicht ausreichend zerkleinert wurde. Zu erkennen sind größere Estrichstücke wie auch Reste der Glasampulle. Hier muss die CM-Messung wiederholt werden.

Abb. 4.21: Prüfgut einer CM-Messung, das ausreichend zerkleinert, d. h. zermahlen, wurde. Zu erkennen ist nur noch der Zuschlag (Steine).

Die zulässige Feuchte (Belegreife) entsprechend der Art des Estrichs ist Tabelle 4.2 zu entnehmen.

Tabelle 4.2: Zulässige Feuchte nach Art des Estrichs

Estrichart	**zulässige Feuchte (CM-%)**
Zementestrich:	
beheizt	1,8
unbeheizt	2,0
Calciumsulfatestrich:	
beheizt	0,3
unbeheizt	0,5

Abb. 4.22: Zerkleinern des Prüfguts in einem Plastikbeutel

Praxistipp

Indem das Prüfgut zur Zerkleinerung in eine Plastiktüte gegeben wird, lässt sich einerseits verhindern, dass Feuchte aus dem Prüfgut entweichen kann. Da der verschlossene Beutel mehr Material enthält, als für die Prüfung erforderlich ist, ist andererseits dafür gesorgt, dass bei einer Fehlmessung noch Reserveprüfgut für eine zweite Messung vorhanden ist.

Durch das Zerkleinern des Prüfguts in der Tüte mit einem Hammer wird die Plastiktüte zerstört (siehe Abb. 4.22). Ein mehrmaliges Umfüllen des Prüfguts ist somit erforderlich.

Zur Zerstörung des Estrichs kann auch ein elektrischer Stemmhammer verwendet werden.

Auf die Verwendung von Bohrmehl zur CM-Messung sollte verzichtet werden, da die Oberfläche des Bohrmehls/Prüfguts so groß ist, dass ein Großteil der Feuchte verdunstet, bevor es in die Prüfflasche gelangt.

Zu beachten ist, dass **alle** Stahlkugeln gesichert werden müssen, bevor der Behälter entleert und das Prüfgut fachgerecht entsorgt wird. Dabei darf nicht mit bloßen Händen in das ausgeschüttete Prüfgut gegriffen werden, da die Splitter der zerbrochenen Glasampulle eine Verletzungsgefahr darstellen.

Eckdaten

Messverfahren/Messgerät	Calciumcarbidmethode
Messsonde	nicht vorhanden
chemische Grundlage	Reaktionsverfahren
obligatorische Anwendung	Bestimmung der Restfeuchte in Estrichen
optionale Anwendung	Bestimmung der Restfeuchte in Beton oder Mauerwerk
Messbereich	0 bis 2,5 bar
Auflösung	0,1 bar
Gerätetoleranz	analoges Manometer ± 25 mbar digitales Manometer ± 2 mbar
Verfahrenstoleranz	keine Angaben
Kalibrierintervall	in regelmäßigen Abständen (kann vom Anwender mittels Prüfampulle selbst durchgeführt werden)

4.5 CO_2-Messung

Die Anwesenheit von Menschen führt in Innenräumen zum allmählichen Anstieg des CO_2-Gehalts. Unmittelbar nach einem Luftaustausch durch Fensterlüftung liegt der CO_2-Gehalt der Innenraumluft in einer Größenordnung, die etwa der Konzentration in der Außenluft entspricht. Die Messung des CO_2-Gehalts kann eine flankierende Untersuchung sein, wenn sich die Frage stellt, ob im Vorfeld einer stationären Raumklimamessung ein organisierter Luftaustausch der Raumluft gegen Frischluft erfolgt ist, weil der Nutzer vor Beginn des Ortstermins eine intensive Fensterlüftung durchgeführt hat.

Die Messung des CO_2-Gehalts erfolgt mit einer CO_2-Messsonde, die an ein kompatibles elektronisches Messgerät angeschlossen wird (siehe Abb. 4.23).

Die am Display abzulesende Einheit ppm steht für parts per million und damit für cm^3 Schadstoff pro m^3 Luft.

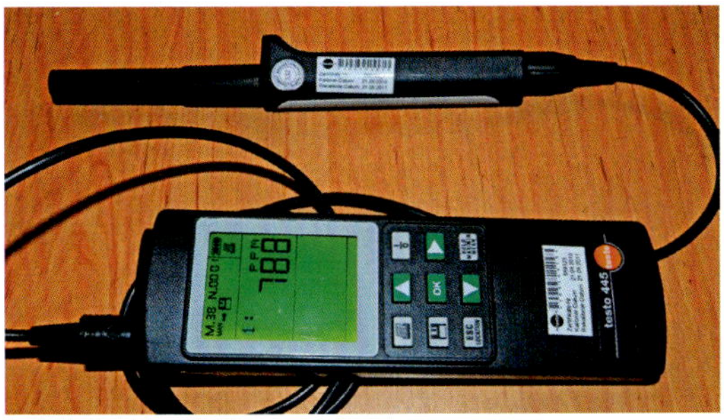

Abb. 4.23: Anzeige der CO_2-Raumluftkonzentration direkt während des Messvorgangs

Der CO_2-Gehalt in der Atmosphäre liegt derzeit bei ca. 380 ppm. Raumluftkonzentrationen gelten bei Werten um ca. 500 ppm als völlig unbedenklich.

Der sog. Pettenkofer-Index definiert als Schwellenwert 1.000 ppm. Befindlichkeitsstörungen wie Unwohlsein, Kopfschmerzen usw. setzen ab einer Konzentration von ca. 1.500 ppm ein.

Der mittlere Volumengehalt an CO_2 sollte gemäß dem „IFA Report 1/2022 Grenzwertliste 2022 Sicherzeit und Gesundheitsschutz am Arbeitsplatz" (Deutsche Gesetzliche Unfallversicherung [DGUV], 2022) den Wert von 1.500 ppm nicht überschreiten:

„Gefahrstoffe in Innenräumen

(…)

2.3 Spezielle Beurteilungswerte und Indikatoren für Innenraumarbeitsplätze

2.3.1 Kohlendioxid

Die Kohlendioxidkonzentration (CO_2-Konzentration) in Innenräumen gilt als ein wesentlicher Indikator für ausreichende Luftqualität, wenn der Mensch selbst die Hauptemissionsquelle ist und andere Quellen von untergeordneter Bedeutung sind. Sie ist in diesem Zusammenhang auch ein Maß für die Effektivität der Raumlüftung.

Zur Beurteilung der CO_2-Konzentration sind nach ASR A3.6 Lüftung [4] folgende Werte heranzuziehen:

- *CO_2-Konzentration unter 1.000 ppm: hygienisch unbedenklich*
- *CO_2-Konzentration zwischen 1.000 und 2.000 ppm: hygienisch auffällig*
- *CO_2-Konzentration über 2.000 ppm: hygienisch inakzeptabel*

Bei Überschreitung der Momentankonzentration von 1.000 ppm CO_2 soll gelüftet werden.

Bei Überschreitung eines Wertes von 2.000 ppm muss gelüftet werden."

Die menschliche Atemluft enthält einen CO_2-Anteil von 4 %; das sind 40.000 cm^3 auf 1 m^3, also 40.000 ppm.

Die gewöhnliche menschliche Atemaktivität liegt bei 15 Atemvorgängen/min bei einem Atemzugvolumen von ca. 0,5 l.

Die üblicherweise umgesetzte Luftmenge einer Person beträgt:

- im Ruhezustand 7,5 l/min,
- bei leichter körperlicher Tätigkeit 15,0 l/min,
- bei sportlicher Betätigung 25,0 l/min.

Bei einem 4%igen CO_2-Anteil der Ausatemluft ergibt sich somit eine CO_2-Emission pro Person:

- im Ruhezustand von 18,0 l/h,
- bei körperlicher Tätigkeit von 36,0 l/h,
- bei sportlicher Betätigung von 60,0 l/h.

Beispiel

Die Umgebungsluftmenge innerhalb eines Raumes mit den Abmessungen B × L × H = 4,0 m × 4,0 m × 2,50 m beträgt 40,0 m^3. Halten sich in dem Raum 2 Personen im Ruhezustand auf, ergibt sich bei einem Anfangsgehalt an CO_2 von 380 ppm ein stündlicher Zuwachs von $2 \cdot 18.000\ cm^3/h \div 40,0\ m^3 = 900$ ppm.

Hieraus ergibt sich ohne zusätzlichen Luftwechsel durch Undichtigkeiten nach etwa **1 Stunde** die Notwendigkeit eines vollständigen Luftaustausches des Raumvolumens, um unterhalb der Befindlichkeitsschwelle von 1.500 ppm zu bleiben.

Nach etwa **5 Stunden** ohne zusätzlichen Luftwechsel durch Undichtigkeiten ist der Schwellenwert der maximalen Arbeitsplatzkonzentration von 5.000 ppm erreicht.

Hieraus ergibt sich im Interesse der eigenen Befindlichkeit eine Luftwechselzahl *n*, die je nach persönlichem Empfinden bei **0,2 pro Stunde** $^{(h-1)}$ bis **1,0** h^{-1} liegen muss, d. h., das gesamte Raumvolumen muss zwischen einmal je 5 Stunden und einmal pro Stunde ausgetauscht werden.

Der Ausschuss für Innenraumrichtwerte (AIR) im Umweltbundesamt (UBA) erachtet eine CO_2-Konzentration von weniger als 1.000 ppm als unbedenklich, eine CO_2-Konzentration zwischen 1.000 und 2.000 ppm als hygienisch auffällig und eine CO_2-Konzentration von mehr als 2.000 ppm als hygienisch unakzeptabel (vgl. Tabelle 4.3).

Tabelle 4.3: Leitwerte für Kohlendioxid (2008) nach Ausschuss für Innenraumrichtwerte (AIR), Stand: 04.07.2022

CO_2-Konzentration in ppm	**hygienische Bewertung**	**Empfehlungen**
< 1.000	hygienisch unbedenklich	keine weiteren Maßnahmen
1.000–2.000	hygienisch auffällig	• Lüftungsmaßnahme (Außenluftvolumenstrom bzw. Luftwechsel erhöhen) • Lüftungsverhalten überprüfen und verbessern
> 2.000	hygienisch inakzeptabel	Belüftbarkeit des Raumes prüfen; ggf. weitergehende Maßnahmen prüfen

Abb. 4.24: Bohrkernentnahme mit der Trockenbohrkrone, $d \geq 100$ mm

Abb. 4.25: Segmentierter Bohrkern

4.6 Darrmethode

Die gravimetrische Feuchtebestimmung, auch Darrmethode genannt, erfolgt bei entnommenen Materialproben durch Wägung vor und nach einer Trocknung im Trockenschrank. Das Darrverfahren zählt zu den zerstörenden Prüfverfahren, liefert aber die genauesten Ergebnisse.

Die Materialprobe kann auf unterschiedlichste Art entnommen werden. Üblicherweise wird aus dem zu untersuchenden Bauteil ein Bohrkern gezogen (siehe Abb. 4.24 und 4.25). Dieser wird mit einer langsam laufenden Bohrmaschine mit einer Trockenbohrkrone im Durchmesser $d = 100$ bis 150 mm entnommen. Die langsame Bohrgeschwindigkeit und der große Durchmesser verhindern, dass sich der Bohrkern übermäßig erwärmt und dabei Feuchte aus dem Prüfgut entweicht.

Die Reihenfolge und die Lage (Innenseite/Außenseite) der Segmente muss bei der Dokumentation der Probenentnahme genau beachtet werden, da sich anhand des Ergebnisses der Feuchtemessung Anhaltswerte dafür ergeben können, auf welchen Wegen die Feuchte in das Bauteil eingedrungen ist. Der Fachmann muss das Herausnehmen der einzelnen Segmente aus der Bohrkrone vor Ort genau beobachten, da das Bohrpersonal in der Regel nicht hinreichend sensibilisiert ist. Die Prüfkörper oder die Transportbehältnisse sollten sorgfältig und nachvollziehbar nummeriert und beschriftet werden. Werden mehrere Bohrkörper aus einem Bohrloch gezogen, muss bei der Nummerierung die Reihenfolge der Segmente von innen nach außen (oder umgekehrt) stets gleich sein, um Verwechselungen zu vermeiden.

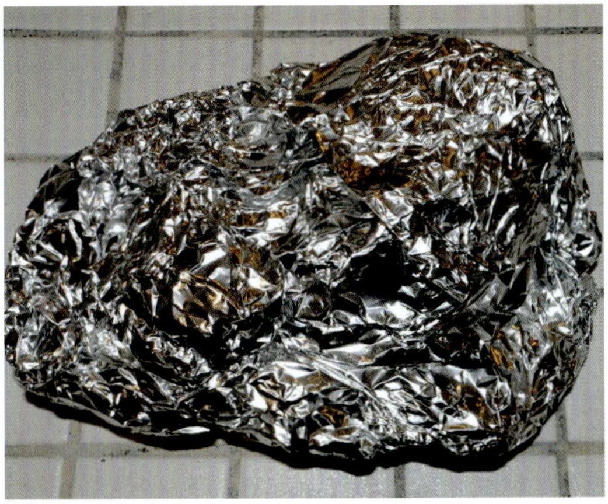

Abb. 4.26: Materialprobe für eine Bestimmung des Feuchtegehaltes, mit Aluminiumfolie dampfdicht präpariert für den Transport

Abb. 4.27: Materialprobe für eine Bestimmung des Feuchtegehaltes, mit Aluminiumfolie und zusätzlichem Gefrierbeutel dampfdicht präpariert für den Transport

Praxistipp

Eine Möglichkeit besteht z. B. in der Verwendung zweiteiliger Bezeichnungen wie:

2-1 = die erste Zahl kennzeichnet den zweiten Bohrkern der Untersuchungsreihe, die zweite Zahl das erste Segment von innen, Bohrtiefe T = 0 bis 100 mm. Die Zahl bezeichnet die Lage des Segments im Prüfkörper; die Bohrtiefe muss separat beschrieben werden.

Bei dem Transport in das Labor muss strikt verhindert werden, dass Feuchte aus dem Prüfgut entweicht, weil dies die Laborergebnisse verfälschen würde. Zu diesem Zweck werden die Proben z. B. in dampfdicht verschließbare Behältnisse oder fest in Aluminiumfolie (siehe Abb. 4.26) und anschließend zusätzlich in verschließbare Plastiktüten (siehe Abb. 4.27) verpackt.

Praxistipp

Wenn die Prüfkörpergröße es zulässt, sind Gefrierbeutel mit Reißverschluss hilfreich (siehe Abb. 4.27).

Abb. 4.28: Feinwaage mit einer Auflösung von 0,1 g

Abb. 4.29: Feinwaage und Trockenschrank

Die Materialprobe wird im Labor auf einer Feinwaage gewogen, anschließend in einem Trockenschrank materialspezifisch getrocknet und so lange immer wieder gewogen, bis anhand einer erkennbaren Gewichtskonstanz keine Feuchte mehr in der Probe enthalten ist (siehe Abb. 4.28 und 4.29). Auf diese Weise kann der absolute Wassergehalt in der Materialprobe in Masse-% oder Volumen-% exakt bestimmt werden.

Der massebezogene Wassergehalt der Probe kann anschließend gemäß Formel 2.3, der massebezogene Wassergehalt in Masse-% gemäß Formel 2.4 und der volumenbezogene Wassergehalt gemäß Formel 2.5 bestimmt werden.

Das Volumen der Baustoffprobe kann durch Eintauchen in ein wassergefülltes Messgefäß anhand des dabei verdrängten Wasservolumens bestimmt werden.

Die für das Material zutreffende Trocknungstemperatur ist Tabelle 4.4 zu entnehmen.

Tabelle 4.4: Trocknungstemperaturen unterschiedlicher Materialien

Materialien	Trocknungstemperaturen
Holz und Holzwerkstoffe	103 °C
mineralische Baustoffe	105 °C
Gips- und Anhydritbaustoffe	40 °C

Eckdaten

Messverfahren/Messgerät	Darren
Messsonde	keine Angaben
physikalische Grundlage	Trockenschrank
obligatorische Anwendung	Trocknen von Baustoffen
optionale Anwendung	keine Angaben
Messbereich	keine Angaben
Auflösung	keine Angaben
Gerätetoleranz	keine Angaben
Verfahrenstoleranz	keine Angaben
Kalibrierintervall	keine Angaben

4.7 Datenlogger/Klimaschreiber

Zur Klimadatenerfassung steht heute eine Vielzahl von Geräten zur Verfügung, von denen in diesem Kapitel die gängigsten vorgestellt werden.

Zu den instationären Systemen zählen seit Jahren die Datenlogger. Auch heute werden noch die bekannten Walzen- oder Scheibenhygrometer verwendet (siehe Abb. 4.30), jedoch weniger in der Bauwerksdiagnostik, aber nach wie vor in Laboren und Museen.

In der Bauwerksdiagnostik werden vorrangig elektronische Datenlogger eingesetzt. Die heutigen Geräte können bis zu 240.000 Messdaten speichern. Gängige Messgrößen sind dabei die Raumtemperatur und die Luftfeuchte. Daraus lassen sich die dazugehörigen Parameter wie Taupunkttemperatur und Wassermenge in g/m^3 errechnen.

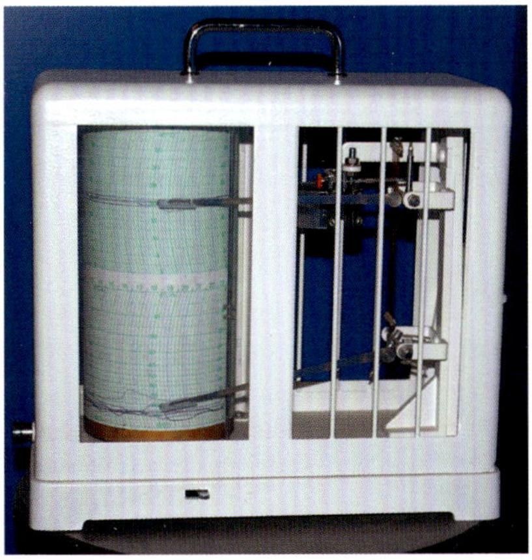

Abb. 4.30: Walzenschreiber

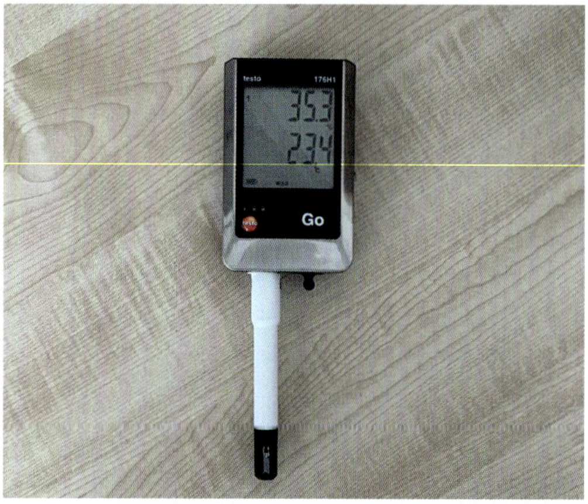

Abb. 4.31: Datenlogger Testo 176H1 mit Display und 2 Anschlüssen für externe Sensoren

Um aussagekräftige und (gerichtlich) belastbare Ergebnisse zu der praktizierten Lüftungsdauer in Wohnräumen zu erhalten, müssen die Messintervalle entsprechend kurz vorprogrammiert werden. Für das Messwertpaar, bestehend aus der relativen Luftfeuchte und der Raumlufttemperatur, wird z. B. bei einem Intervall von 1 Minute eine Kapazität von 2 · 60 Messwerten/h · 24 h/Tag · 21 Tage = 60.480 Messwerte benötigt, um eine dreiwöchige Messreihe durchführen zu können (vgl. Tabelle 4.5).

Tabelle 4.5: Instationäre Klimadatenerfassung: mögliche Messdauer bei unterschiedlichen Messintervallen

Speicherkapazität Messwerte	aktive Sensoren	Intervall (min)	mögliche Messdauer (Tage)
64.000	Luftfeuchte und Lufttemperatur	1	22
64.000		2	44
64.000		3	67
64.000		5	111
64.000		10	222
64.000		15	333

Da die verschiedenartigen Messfühler außerdem unterschiedlich träge auf Temperaturveränderungen reagieren, kommt es bei der Auswertung der Messergebnisse auf die Kenntnis der Reaktionszeit des Messfühlers an. Reaktionszeiten, die bei einigen Geräten mit 20 Minuten festgestellt wurden, stellen nicht sicher, dass kurze Lüftungsvorgänge hinreichend sicher bewertet werden. Die Reaktionszeit wird ausgedrückt mit dem t_{90}-Wert. Dieser gibt die Zeitdauer an, die der Fühler nach einer äußeren Temperaturverän-

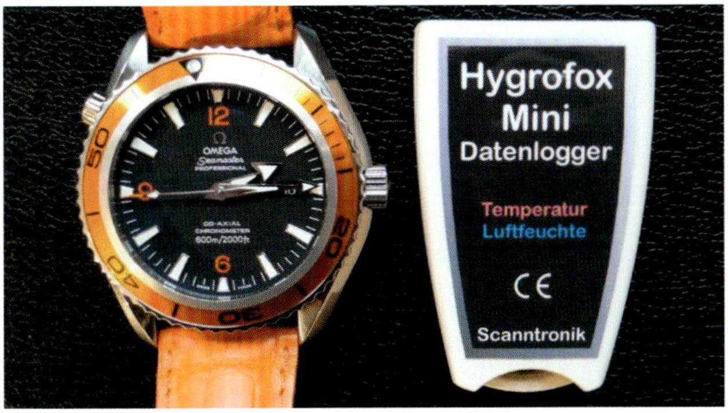

Abb. 4.32: Klimadatenlogger sind heute kaum größer als eine Armbanduhr.

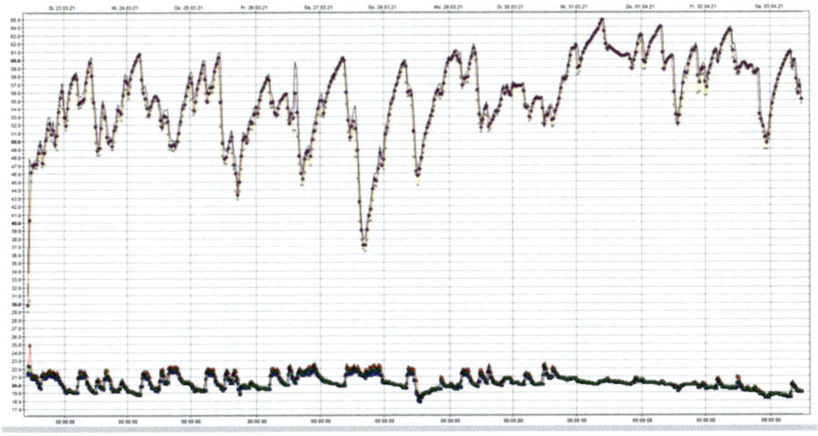

Abb. 4.33: Grafische Auswertung einer Klimadatenloggeruntersuchung von Lufttemperaturen und relativen Luftfeuchten. Der Kurvenverlauf der Werte für die relative Luftfeuchte zeigt, dass regelmäßig etwa 1 bis 2 Lüftungsvorgänge stattgefunden haben.

derung benötigt, um 90 % der Temperaturveränderung zu erreichen (Huth, 2011).

Die zu den Geräten mitgelieferte Software ermöglicht eine einfache Auswertung der gespeicherten Daten und die Programmierung der Datenlogger am PC.

An einige elektronische Datenlogger lassen sich auch zusätzlich externe Sensoren anschließen (siehe Abb. 4.31). Mit ihnen kann z. B. die Oberflächen- oder eine weitere Raumtemperatur aufgezeichnet werden. Auch lassen sich Widerstandselektroden sowie ein externer Temperatur- und Luftfeuchtesensor anschließen. Somit lässt sich das Einsatzgebiet unbegrenzt erweitern. Moderne Klimadatenlogger sind klein und handlich (siehe Abb. 4.32).

Ein Lüftungsvorgang innerhalb eines Raums ist in der grafischen Auswertung an einem steil abfallenden Kurvenverlauf der Werte für die relative Luftfeuchte erkennbar (siehe Abb. 4.33).

Eckdaten

Messverfahren/Messgerät	Datenlogger
Messsonde	eingebaute Sensoren für Umgebungstemperatur und relative Luftfeuchte
physikalische Grundlage	keine Angaben
obligatorische Anwendung	Messung der Temperatur und der relativen Luftfeuchte
optionale Anwendung	keine Angaben
Messbereich	–20 bis +70 °C/0 bis 100 %
Auflösung	0,1 °C bzw. relative Luftfeuchte in %
Gerätetoleranz	< 0,4 °C bei 20 °C/< 3,0 bei relativer Luftfeuchte zwischen 20 und 80 %
Verfahrenstoleranz	keine Angaben
Kalibrierintervall	keine Vorgaben der Hersteller

Oberflächentemperatur-Datenlogger

Auch der Verlauf der raumseitigen Oberflächentemperaturen lässt sich mit Datenloggern erfassen. Hierfür werden die Messfühler kontaktschlüssig an der Wand oder der Decke fixiert (siehe Abb. 4.34 bis 4.36).

Eckdaten

Messverfahren/Messgerät	Datenlogger
Messsonde	eingebauter Sensor für Lufttemperatur
physikalische Grundlage	Ringspeicher
obligatorische Anwendung	Messung der Oberflächentemperatur
Speicherkapazität	4.000 Messwerte (optional erweiterbar)
Aufzeichnungsintervall	1 Sekunde bis 24 Stunden
optionale Anwendung	keine Angaben
Messbereich interner Sensor	–10 bis +50 °C
Messbereich externe Sensoren	–30 bis +120 °C
Auflösung	0,1 °C
Gerätetoleranz	± 1 °C
Verfahrenstoleranz	keine Angaben
Kalibrierintervall	keine Vorgaben der Hersteller

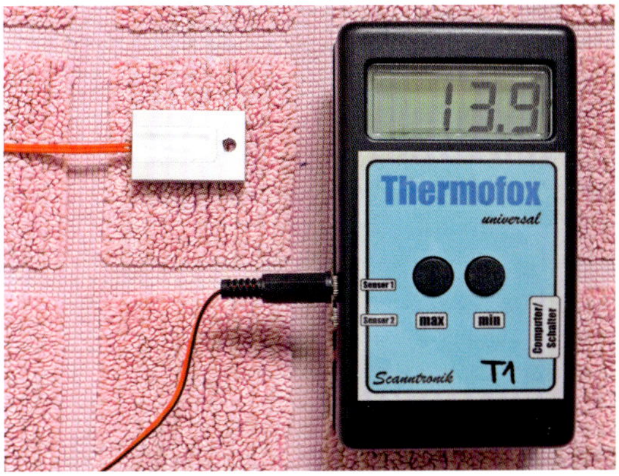

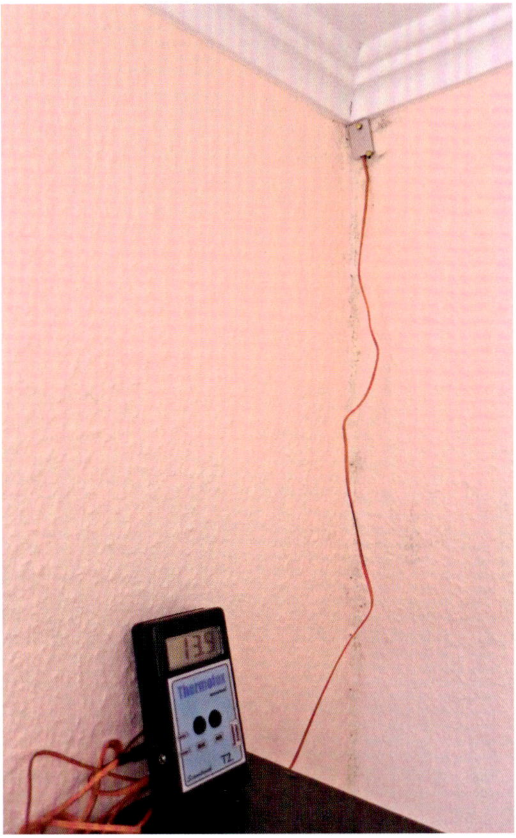

Abb. 4.34 bis 4.36: Oberflächentemperatur-Datenlogger, an den sich 2 Sensoren gleichzeitig anschließen lassen

Praxistipp

Beim Einsatz von Datenloggern zur Dokumentation des Nutzerverhaltens in Wohnungen empfiehlt es sich, ein nicht zu kurzes bzw. zu langes Messintervall zu wählen. Ein Wert zwischen 1 und 5 Minuten und der Startpunkt der Aufzeichnung 2 bis 3 Tage nach dem Aufstelltermin sind ausreichend. In diesem Zeitraum nimmt der Bewohner den Datenlogger noch wahr bzw. kann sich noch an das Aufstellen erinnern. Danach kehrt der Alltag wieder ein und der Datenlogger gerät in Vergessenheit. Der Logger sollte mindestens 3 Wochen vor Ort bleiben, damit ein umfassender Einblick in das Nutzerverhalten des Bewohners ermöglicht wird. Dabei spielen nicht nur die Lebensgewohnheiten eine Rolle, sondern auch das Außenklima. Datenlogger mit Display können die Bewohner dazu verleiten, ihr Heiz- und Lüftungsverhalten an die sichtbaren Messwerte anzupassen, wenn diese nicht den Normalwerten entsprechen. Die aufgezeichneten Messwerte stehen dann nicht im Einklang mit dem tatsächlichen Nutzerverhalten. Besser geeignet für diesen Einsatzzweck sind daher Geräte ohne Display.

Neben den Datenloggern stehen dem Bauwerksdiagnostiker heute auch sog. Telemetriesysteme zur Verfügung. Der Unterschied zu den Datenloggern besteht darin, dass die abgespeicherten Messwerte zu jedem Zeitpunkt über ein eingebautes sog. GSM-Modul abgerufen werden können. Dieses Modul entspricht dem Standard für voll digitale Mobilfunknetze (Global System for Mobile Communications). Das GSM-Modul kann mit fast jeder Datenkarte eines Mobilfunkanbieters betrieben werden. Somit ist die Telemetrie zeit- und ortsunabhängig. Selbst an entlegenen Orten, Netzempfang vorausgesetzt, kann dieses System zur Datenaufzeichnung und -auslesung eingesetzt werden. Weitere Vorteile gegenüber den Datenloggern bestehen darin, dass sich nahezu alle möglichen Sensoren, Elektroden oder Geräte zur Dokumentation und Überwachung daran anschließen lassen.

Praxistipp

Ein Anwendungsgebiet ist die Überwachung von technischen Trocknungen nach Leitungswasser- oder Elementarschäden. Dabei werden in der Regel Leitfähigkeitswerte, Temperatur und Luftfeuchte, in einzelnen Fällen auch die Stromversorgung der Trocknungsgeräte, während der Trocknung dokumentiert und überwacht.

Zur Auswertung der Telemetriedaten werden eine Software und ein Internetzugang für die PC-Lösung benötigt. Die Datenabfrage ist auch über das Smartphone möglich.

Auch für Flachdächer gibt es seit Jahren ein stationäres System zur Überwachung der Abdichtung. Das aus dem Deponiebau stammende System wird unter der letzten Abdichtungsbahn verlegt und besteht aus vernetzten Sensoren. Eine spezielle Software überwacht diese und gibt Alarm, wenn an einer bestimmten Stelle Wasser in die Konstruktion eindringt. Je nach Bauart können auch die Koordinaten des Feldes angezeigt werden, in dem sich die Beschädigung befindet.

4.8 Dielektrisches Messverfahren

Das zerstörungsfreie elektrische Messverfahren misst die Dielektrizitätskonstante ε des Baustoffs über das Hochfrequenzfeld eines Kondensators. Die Dielektrizitätskonstante ε ist eine definierte Größe eines Baustoffes, deren Wert sich ändert, wenn der Baustoff Feuchte aufnimmt. Die Messgerätekonfiguration besteht in der Regel aus einem elektronischen Messgerät und einem Sensor, der bei einigen Geräten bereits integriert ist. Der Sensor enthält einen Kondensator, der sich prinzipiell aus 2 Platten zusammensetzt, die sich nicht berühren dürfen. Wird an die Platten eine Spannung angelegt, so laden sich diese unterschiedlich auf und erzeugen ein elektrisches Feld. Je größer die Fläche der Kondensatorplatten und je geringer der Abstand der Platten ist, desto höher ist die Kapazität des Kondensators. Zusätzlich ist die Kapazität abhängig von dem Material, das die Platten trennt, dem sog. Dielektrikum. Es beeinflusst bzw. ändert die Kapazität des Kondensators. Abb. 4.37 bis 4.39 veranschaulichen das Funktionsprinzip.

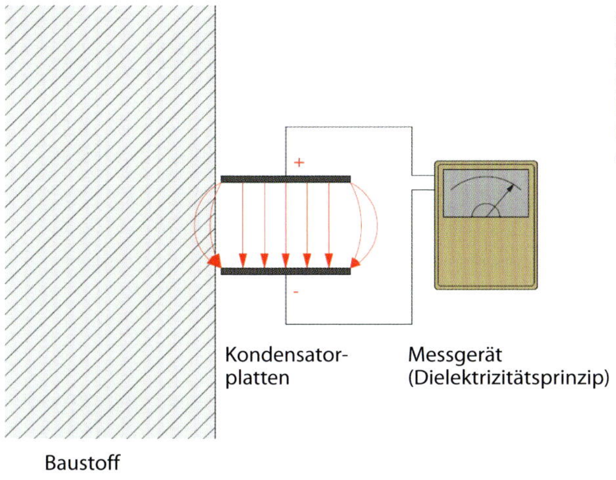

Abb. 4.37: Beide Platten befinden sich im Gerät. Durch den zu untersuchenden Baustoff entsteht ein Streufeld, das den Anzeigewert des Geräts beeinflusst. Das beschriebene Funktionsprinzip ist im Messgerät, wie in Abb. 4.41 und 4.43 zu sehen, verbaut.

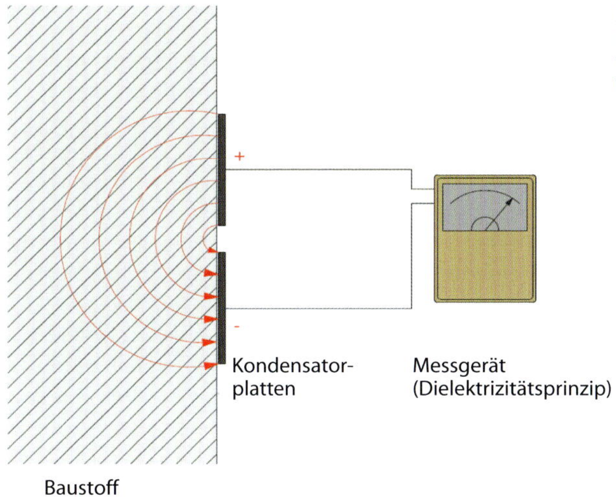

Abb. 4.38: Beide Platten befinden sich im Gerät, wie z. B. beim Protimeter Surveymaster. Das Material beeinflusst den Anzeigewert des Geräts.

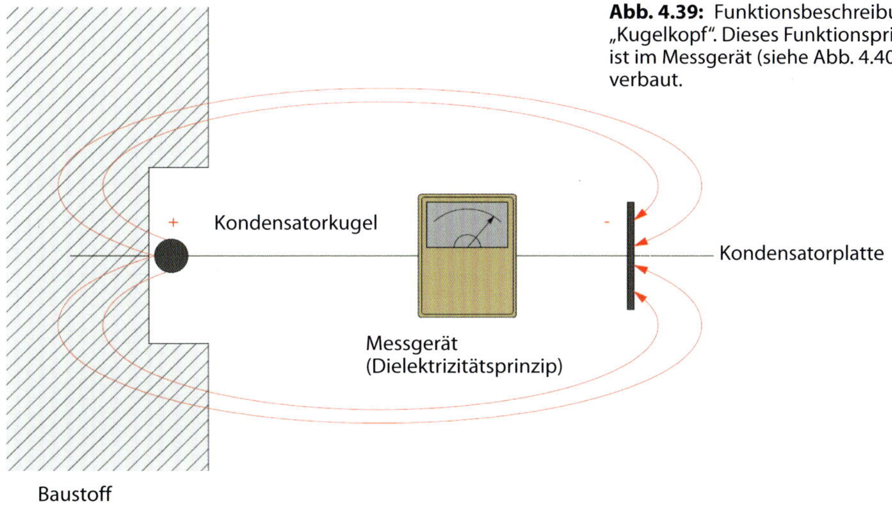

Abb. 4.39: Funktionsbeschreibung „Kugelkopf“. Dieses Funktionsprinzip ist im Messgerät (siehe Abb. 4.40) verbaut.

Prinzip des Plattenkondensators

Wasser hat eine sehr hohe Dielektrizitätskonstante von $\varepsilon = 78{,}6$; Luft eine sehr niedrige von $\varepsilon = 1$, Baustoffe liegen zwischen 6 und 8. Dementsprechend lässt sich Wasser in Baustoffen sehr gut nachweisen. Je höher der Feuchteanteil im Baustoff, desto größer wird die resultierende Dielektrizitätskonstante.

Das Messgerät misst mit einem hochfrequenten Wechselstrom die Kapazität des Kondensators. Dieser wird ausschließlich durch die veränderliche Dielektrizitätskonstante beeinflusst.

Der Sensor wird nach Herstellerangabe auf die zu untersuchende Bauteiloberfläche aufgesetzt. Der Anzeigewert wird in Digits oder Skaleneinheiten (SKE) abgelesen und dokumentiert. Zu beachten ist, dass diese Ablesewerte keine verwertbaren Messwerte der Materialfeuchte sind, sondern lediglich Vergleichswerte, die durch den Anwender selbst zu bewerten sind. Die Bewertung erfolgt anhand der gerätespezifischen Orientierungswerte des jeweiligen Herstellers oder unter Bezugnahme auf eigene Referenzwerte, die mit dem gleichen Gerät vor Ort an anderen Oberflächen aus dem gleichen Baustoff ermittelt werden. Hierfür bieten sich z. B. Innenwände an, bei denen eine von außen eindringende Durchfeuchtung ausgeschlossen werden kann. In der Dokumentation ist unbedingt die eingesetzte Gerätekonfiguration namentlich zu benennen, damit die Werte später durch Dritte interpretierbar und nachvollziehbar sind. Dies ist insbesondere deshalb erforderlich, weil die Skalierungen der einzelnen Hersteller voneinander abweichen. Einige Geräte verfügen über Skalenteilungen von 0 bis 100 Digits, andere liegen in einer Bandbreite von 0 bis 200 Digits, ein weiteres Gerät zeigt Werte zwischen 60 und 1.000 Digits an. Allein die Angabe eines Anzeigewerts liefert demnach keine verlässliche Aussage über die tatsächliche Materialfeuchte. Auch die zur Orientierung gedachten Interpretationen der Skaleneinheiten durch die Hersteller weichen voneinander ab, wie Tabelle 4.6 zeigt.

Tabelle 4.6: Vergleich der Anzeigewerte verschiedener Geräte unterschiedlicher Hersteller an jeweils identischen Messpunkten

Messung Nr.	Gerät/Sonde							
	GANN Hydromette RTU 600/B60		Trotec T 2000/ TS 350		Trotec T 650		Protimeter MMS	
	Anzeige (SKE)	Interpretation des Herstellers	Anzeige (SKE)	Interpretation des Herstellers	Anzeige (SKE)	Interpretation des Herstellers	Anzeige (SKE)	Interpretation des Herstellers
1	38	trocken	30	trocken	30	trocken	146	trocken
2	42	riskant	54	feucht	54	feucht	165	trocken
3	54	riskant	80	feucht	77	feucht	170	riskant
4	60	riskant	105	nass	100	nass	190	riskant
5	80	riskant	130	nass	138	nass	230	nass
6	85	riskant	127	nass	125	nass	270	nass
7	100	feucht	140	nass	145	nass	950	nass
8	130	feucht	150	nass	155	nass	1.000	nass
9	150	feucht	154	nass	156	nass	1.000	nass

Abb. 4.40: Elektronisches Messgerät mit fester Kugelkopfmesssonde für die kapazitive Messung

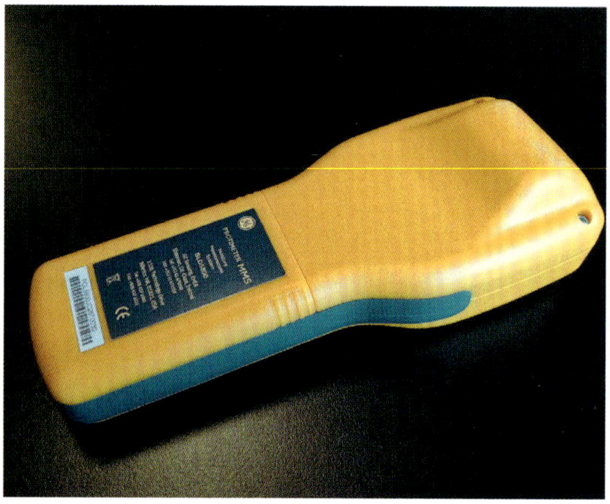

Abb. 4.41: Elektronisches Messgerät mit gehäuseintegrierter halbrunder Messsonde für die kapazitive Messung

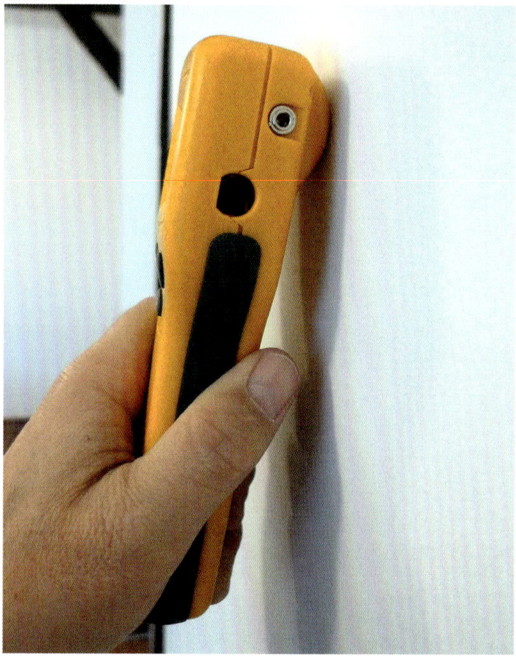

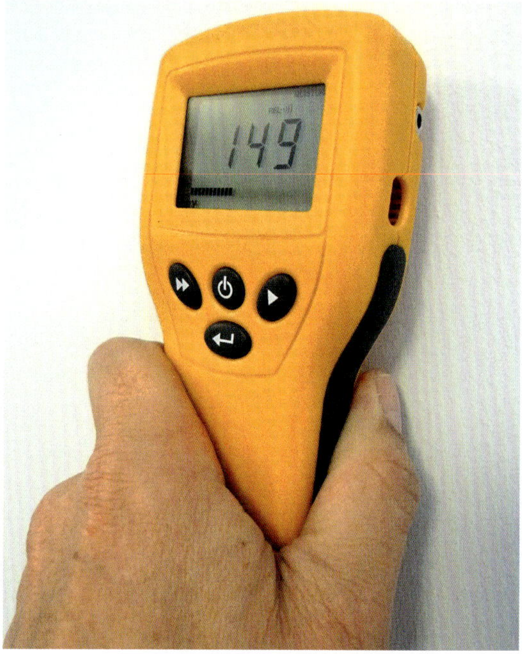

Abb. 4.42 und 4.43: Die Messung nach dem Dielektrizitätsprinzip erfolgt durch Anlegen des Messgeräts an die Wandoberfläche.

Die Abb. 4.40 bis 4.43 zeigen unterschiedliche Geräte für das dielektrische Messverfahren.

Abb. 4.44: Wird die Kugelkopf-Messsonde am hinteren Ende gehalten, wird der Messwert korrekt angezeigt. (Quelle: G. Ludwig, Firma TTB, Brauerstr. 32, Buchholz)

Abb. 4.45: Handhabungsfehler: Wird die Kugelkopf-Messsonde am vorderen Ende gehalten, wird der Messwert fehlerhaft zu hoch angezeigt. (Quelle: G. Ludwig, Firma TTB, Brauerstr. 32, Buchholz)

Praxistipp

Bei der Verwendung von Handsensoren wie der B 50/60 von Gann oder der TS 660 SDI von Trotec empfiehlt es sich, den Griff am unteren Ende anzufassen (siehe Abb. 4.44). Dadurch wird vermieden, dass die Messhand das Messergebnis beeinflusst (siehe Abb. 4.45).

Unbedingt zu vermeiden ist bei allen dielektrischen Messgeräten die Messung in Ecken und in Bohrlöchern. Da es sich bei diesem Messverfahren um eine Streufeldmessung handelt, gehen alle Materialien im Streukreis der Kugel in das Messergebnis ein. Das kann bis zu einer Verdoppelung des Messwertes führen.

Die Eindringtiefe ist abhängig von der Rohdichte des Materials und dem Feuchtegehalt. Eine Fliese auf einer Gipskartonplatte reduziert die Eindringtiefe der Messsonde auf ca. 2 cm. Bei einer Fliesenstärke von 8 bis 10 mm kann der Sensor noch ca. 1 cm tief in die Gipskartonplatte messen. Auch wenn hier stets von der Kugel gesprochen wird, treten diese Fehler auch bei Messgeräten mit gebogenen Blechen anstatt Kugel auf, ebenso bei Geräten, deren Messeinheit sich im Geräteboden befindet.

Eckdaten

Messverfahren/Messgerät	dielektrisch oder kapazitiv
Messsonde	eingebaut oder extern
physikalische Grundlage	Kondensatorprinzip
obligatorische Anwendung	qualitative Bestimmung der Feuchteverteilung in Baustoffen
optionale Anwendung	Ortung von Metallen
Messbereich	0 bis 200 Digits
Auflösung	0,1 Digits
Gerätetoleranz	keine Angaben
Verfahrenstoleranz	keine Angaben
Kalibrierintervall	nicht möglich

4.9 Druckpumpe

Die Druckprüfung von Wasser führenden Leitungen erfolgt mit der Prüfpumpe.

Die Durchfeuchtung der Estrichdämmung kann verschiedene Ursachen haben. Einerseits können Lücken in der Abdichtung der erdberührten Bauteile vorhanden sein, andererseits können Leckstellen an Wasser führenden Leitungen innerhalb des Estrichaufbaus bestehen. Wenn sich Flüssigwasser innerhalb der Estrichdämmschicht befindet, sind die Symptome in beiden beschriebenen Fällen weitgehend identisch. Im Ausschlussverfahren werden die verschiedenen Möglichkeiten nacheinander geprüft. Dabei kann entweder in der Rangordnung der jeweiligen Wahrscheinlichkeiten einzelner Sachverhalte vorgegangen werden oder die Reihenfolge orientiert sich an dem Aufwand der einzelnen Prüfungen. Das Abdrücken von Wasser führenden Leitungen ist z. B. mit einem deutlich geringeren Aufwand verbunden als eine vollständige Freilegung erdberührter Bauteile. Insoweit wird eine Druckprüfung in der Regel allen weiteren Untersuchungen vorangestellt. Die hierbei eingesetzte Prüfpumpe (siehe Abb. 4.46) verfügt über einen Vorratsbehälter für Wasser und wird über einen Druckschlauch z. B. an einer Wandscheibe mit dem Leitungsnetz verbunden. Nach dem Öffnen der Ventile wird der Wasserdruck im Leitungssystem über die Handpumpe bis auf den systemspezifischen Prüfdruck erhöht, der am Manometer ablesbar ist. Anschließend wird das Füllventil geschlossen. Nach Ablauf der Prüfdauer erfolgt die Kontrollablesung am Manometer. Wird ein unzulässiger

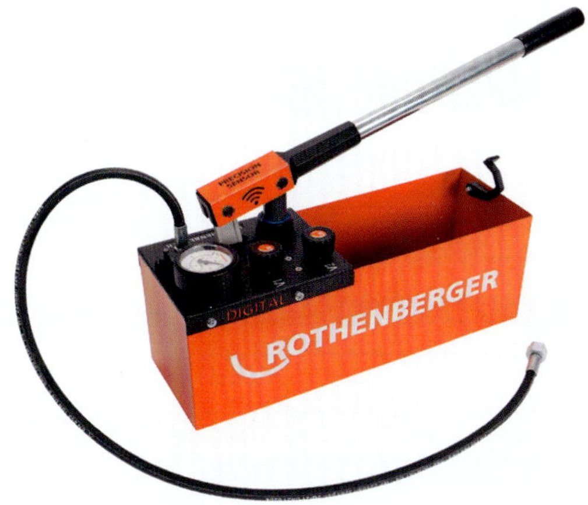

Abb. 4.46: Druckprüfpumpe RP50 Digital (Quelle: Firma Rothenberger, Kelkheim)

Abb. 4.47: Aus einer defekten Dichtung an einem Panzerschlauch (Flexschlauch) tritt unter Druck Wasser aus.

Abb. 4.48: An die Mischbatterie angeschlossenes Druckmessgerät vom Typ Wöhler SC 660 Smart Connect Druckmessgerät (Quelle: Firma Strobl Schadenmanagement GmbH, Holzkirchen)

Druckabfall innerhalb der Prüfdauer festgestellt, dann ist es naheliegend, dass innerhalb des Leitungssystems ein Leck vorhanden ist. Das Risiko von Fehlinterpretationen besteht, wenn sich innerhalb der Leitung Luftblasen befinden.

Mittlerweile gibt es auch elektronische Druckmesser, die z. B. anstelle des Perlators an die Mischbatterie angeschlossen werden (siehe Abb. 4.48). Die Druckprüfung läuft automatisch über einen gewählten Zeitraum ab. Anschließend wird über die dazugehörige App das Druckprüfungsprotokoll auf das Smartphone übertragen (siehe Abb. 4.49). Es handelt sich um eine nicht normative Prüfmethode.

KG

81375 München
Kaltwasserleitung KG

WÖHLER
SMART CONNECT

Druckprüfung

Messung / Info / Daten	
Messdatum	20.01.2023
Messzeit	10:00
Messgerät	Woehler SC 660 Seriennummer 2341
Kalibrierdatum	07.07.2022

Vorgaben	
Prüfdruck	3.72 bar
Mediumstemperatur	16.6 °C
Umgebungstemperatur	16.6 °C
Stabilisationsdauer	5 min
Prüfdauer	10 min

Messwerte	
Messdauer	10:00 min
Startdruck	3,67 bar
Stopdruck	3,55 bar
Druckabfall	0,12 bar

Ergebnis	
Ergebnis	**Nicht in Ordnung**

Abb. 4.49: Druckprüfungsprotokoll (Quelle: Firma Strobl Schadenmanagement GmbH, Holzkirchen)

Praxistipp

Anhaltspunkte für Leckstellen innerhalb des Heizungssystems liegen vor, wenn die Nutzer auffällig häufig Wasser nachfüllen müssen.

Anhaltspunkte für Leckstellen innerhalb des Trinkwassersystems liegen vor, wenn die Absperreinrichtung an dem Hausanschluss für etwa 1 Stunde geschlossen wird. Die Bewohner dürfen allerdings während dieser Stagnationsdauer von 1 Stunde kein Trinkwasser aus dem Netz entnehmen. Wenn sich die Messrädchen der Wasseruhr anschließend nach dem Öffnen des Absperrventils sehr kurz drehen (siehe Abb. 4.50), ist in der Zwischenzeit ein Wasserverlust eingetreten; es liegen Anhaltspunkte für eine Leitungsleckage vor.

Abb. 4.50: Bewegt sich das kleine rote Zeigerrädchen der Zähleruhr innerhalb einer Wartezeit von 1 Stunde, ohne dass Wasser entnommen wurde, ist von einer Leckage auszugehen.

4.10 EFT®-Verfahren

Das EFT®-Verfahren (Electrical Flux Tracking) der Firma Texplor ermöglicht die Prüfung der Dichtigkeit von Bauabdichtungen nach der geoelektrischen Methode (siehe Abb. 4.51 und 4.52). Durch die exakte Lokalisierung von Wasserwegsamkeiten kann eine genaue Ursachenermittlung durchgeführt werden, ohne das Bauwerk zur Fehlersuche freizulegen oder auszugraben. Das EFT®-Verfahren wurde zur punkt-, flächen- und linienhaften Lokalisierung von Leckstellen in Abdichtungssystemen entwickelt. Hierzu wird ein gerichtetes elektrisches Feld zwischen der Energieeinspeisung (Sender) und dem Gegenpol erzeugt, um eine sog. Wasserwegsamkeit anhand erhöhter Energieaustritte zu ermitteln. An den feuchten Stellen im Gebäude wird mittels einer Elektrode (Tracer) Strom eingespeist, der von einem Gegenpol außerhalb der Abdichtung mithilfe eines Sensorstabs und Touch-Panel-

Abb. 4.51: EFT®-Messung (Quelle: Firma Strobl Schadenmanagement GmbH, Holzkirchen)

Abb. 4.52: EFT®-Messung in einer Tiefgarage (Quelle: Firma Strobl Schadenmanagement GmbH, Holzkirchen)

Computers mit integriertem Datenlogger (Empfänger) erfasst wird. An der Stelle, an der die Abdichtung beschädigt ist, kann das Signal in das Bauwerk eindringen. Die Messwerte sind hier deutlich höher als im dichten Bereich.

Die angezeigten Messdaten werden in einer Tabelle erfasst und dem vorher festgelegten Messraster zugeordnet. Mit einer speziellen Software erfolgt die Auswertung der Messdaten, die in der Regel in einem flächigen Plan (Isolinienkarte) dargestellt wird. Hierin lassen sich die Intensitäten des eindringenden elektrischen Feldes in den untersuchten Flächen farblich erkennen. In den Bereichen deutlich erhöhter Messwerte können Aussagen zu Wasserwegsamkeiten getroffen werden, die wiederum kartografiert im Grundrissplan farbig dargestellt werden.

Eckdaten

Messverfahren/Messgerät	EFT®-Verfahren
Messsonde	
physikalische Grundlage	Potenzialdifferenzmessung
obligatorische Anwendung	Lokalisierung von Undichtigkeiten in Bauwerksabdichtungen
optionale Anwendung	keine Angaben
Messbereich	keine Angaben
Auflösung	keine Angaben
Gerätetoleranz	keine Angaben
Verfahrenstoleranz	keine Angaben
Kalibrierintervall	Werkskalibrierung

4.11 Endoskope

Endoskope, die ursprünglich für die Humanmedizin entwickelt wurden, dienen in technischen Bereichen für die Innendiagnostik schwer zugänglicher Hohlräume über kleinste Öffnungen. Sie werden z. B. bei der invasiven Untersuchung von Holzbalkendecken zur Schadensanalyse eingesetzt. Endoskopie zählt zu den zerstörungsarmen Untersuchungsmethoden, weil nur sehr kleine Bohrungen hergestellt werden müssen, um Hohlräume einzusehen.

Endoskope lassen sich in 3 Kategorien unterteilen:

- starre Endoskope,
- flexible Endoskope,
- Videoskope.

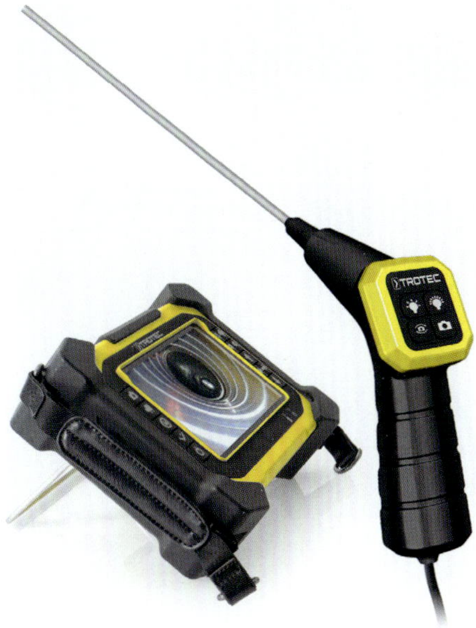

Abb. 4.53: Starres Endoskop (Quelle: Trotec GmbH, Heinsberg)

Starre Endoskope

Starre Endoskope (siehe Abb. 4.53) setzen sich aus einem Rohr mit einer typischen Länge von 70 bis 90 cm und einem geringen Durchmesser von 2 bis 10 mm, einem Okular und einem Objektiv mit einem Blickwinkel zwischen 35 und 90° zusammen. Das Innere besteht aus Stablinsen mit hoher Schärfe. Moderne starre Endoskope verwenden heute auch schon Glasfasern. Bei einigen starren Endoskopen lässt sich der Kopf um 360° drehen; dies ermöglicht einen Rundumblick. Zur Dokumentation bieten einige Hersteller unterschiedliche Adapter für das Okular an, um Fotos oder Videos zu machen. Die Arbeit mit Endoskopen ist aufgrund des eingeschränkten Blickfelds und der fehlenden Orientierung gewöhnungsbedürftig und erfordert praktische Erfahrung.

Praxistipp

Es ist empfehlenswert, die vom Hersteller angebotenen Kameras zu verwenden, da diese auf das Endoskop abgestimmt sind. Ansonsten besteht das Risiko, dass das Foto einen schwarzen Rahmen und lediglich ein kreisrundes Bild in der Mitte (Vignettierung) hat.

Flexible Endoskope

Flexible Endoskope lassen sich unterscheiden in voll flexible und halb flexible. Es stehen Arbeitslängen von 2 bis 8 m mit Durchmessern von 2 bis 14 mm zur Verfügung. Für Spezialanwendungen gibt es Miniendoskope mit Durchmessern von 0,4 bis 1,5 mm.

Abb. 4.54: Kopf eines voll flexiblen Endoskops (Quelle: Trotec GmbH, Heinsberg)

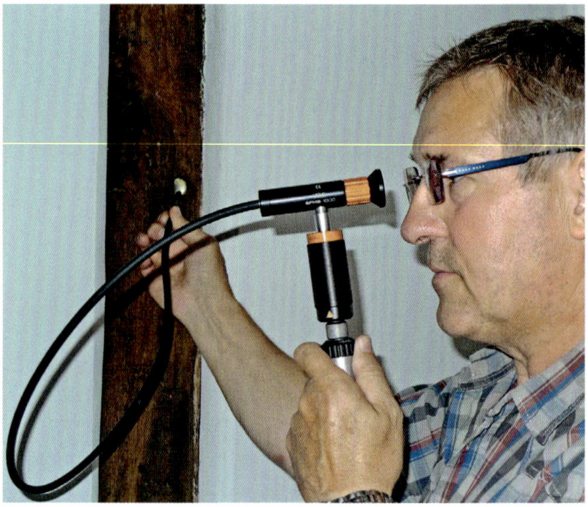

Abb. 4.55: Hohlrauminspektion mit einem halb flexiblen Endoskop

Bei voll flexiblen Endoskopen (siehe Abb. 4.54) lässt sich der Kopf über Bautenzüge ferngesteuert in fast jede Richtung bewegen. Dies ist möglich, weil die Bildübertragung über Lichtleitfasern erfolgt, die flexibel genug sind, diese Bewegungen mitzumachen. Diese Lichtleitfasern haben einen Durchmesser von weniger als 7 µm – ein menschliches Haar hat einen Durchmesser von mehr als 70 µm, ist also zehnmal so dick.

Halb flexible Endoskope (siehe Abb. 4.55) lassen sich verbiegen und bleiben dann in dieser Position. Der Kopf lässt sich nicht separat bewegen.

Videoskope

Videoskope gibt es in halb flexibler und voll flexibler Ausführung (siehe Abb. 4.56 und 4.57). In der Industrie werden allerdings ausschließlich voll flexible Videoskope verwendet. Im Gegensatz zu Boreskopen, in denen Stablinsen verbaut sind, und Endoskopen, die Lichtleitfasern zur Bildübertragung verwenden, sitzt bei dem Videoskop ein Videochip am Kopfende. Dieser wandelt das Bild in elektrische Signale um und schickt diese über ein dünnes Kabel zu einem Monitor, der die elektrischen Signale wieder in ein Bild umwandelt. Der Vorteil eines Videoskops gegenüber den beiden anderen Endoskopen liegt darin, dass Bilder direkt auf einem Speichermedium abgespeichert oder auch ganze Filmsequenzen aufgezeichnet werden können.

Medizinische Spezialinstrumente

Ebenfalls aus dem medizinischen Bereich kommen optische Instrumente mit Batteriegriff und Leuchtkopf, sog. Otoskope, die im weitesten Sinne zu den Endoskopen zählen. Mit ihnen kann über kleinste Eindringöffnungen Einsicht in dahinterliegende Hohlräume genommen werden. Fallspezifische Einsätze können auch bei der Bauwerksdiagnostik in Betracht kommen. Ein

Abb. 4.56: Voll flexibles Videoskop (Quelle: Trotec GmbH, Heinsberg)

Abb. 4.57: Halb flexibles Videoskop (Quelle: Firma Ridge Tool GmbH & Co. oHG, Gevelsberg)

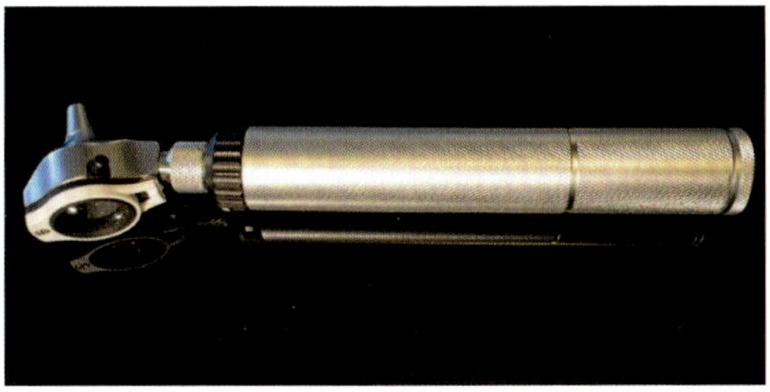

Abb. 4.58: Otoskop

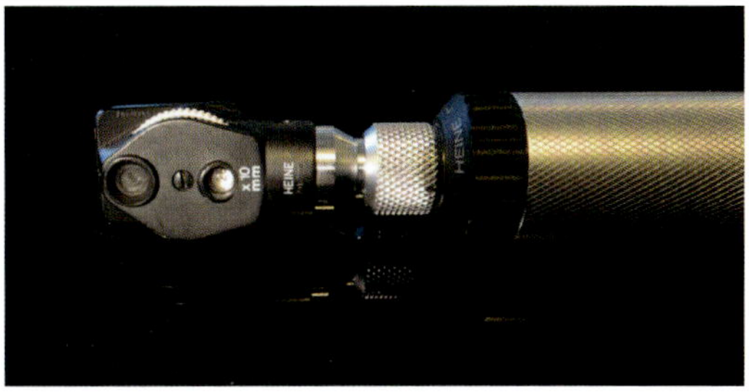

Abb. 4.59: Otoskop mit einstellbarer Fokussierebene

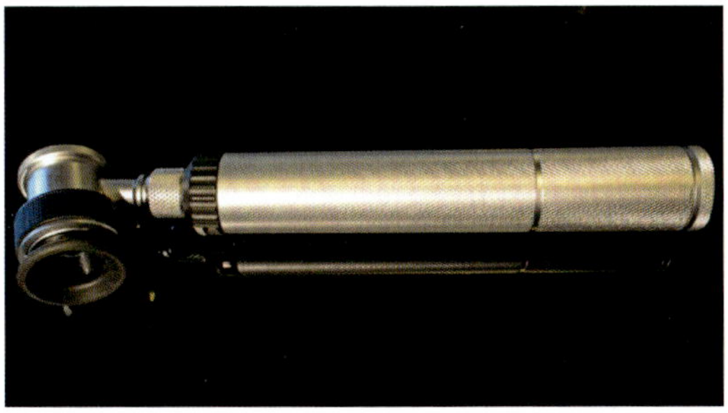

Abb. 4.60: Dermatoskop

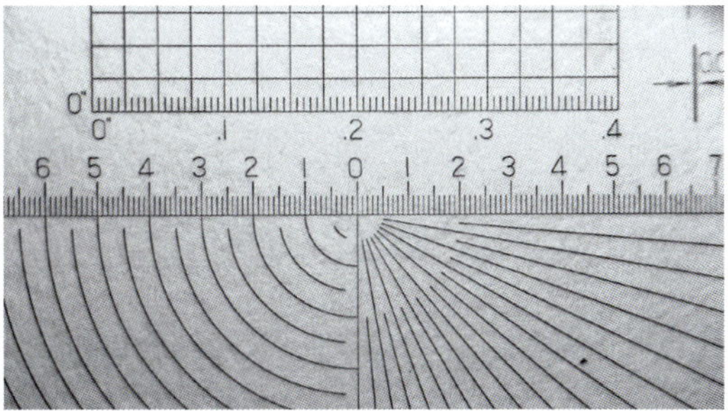

Abb. 4.61: Austauschbares Glasplättchen mit Skalierung für das Dermatoskop

Otoskop zeichnet ein scharfes Bild bei einem festen Fokusabstand ab (siehe Abb. 4.58).

Variable Otoskope ermöglichen die Vorauswahl eines bestimmten Fokussierabstandes (siehe Abb. 4.59).

Ein Dermatoskop kann z. B. als Risslupe verwendet werden, da für den Leuchtkopf ein Glasplättchen mit 1/10-mm-Unterteilung und mit einem Gitternetz erhältlich ist (siehe Abb. 4.60 und 4.61).

Abb. 4.62: Absperrblase, leer

Abb. 4.63: Absperrblase, gefüllt, und Druckluftpumpe mit Manometer

4.12 Färbemittel

In kleinen Mengen beigefügte Färbemittel können große Mengen Wasser in markanten Farben einfärben. Dichtheitsprüfungen mit eingefärbtem Wasser werden in unterschiedlichsten Situationen der Bauwerksdiagnostik eingesetzt, z. B., wenn im Rahmen einer Leckortung verschiedene Wege des Wassereintritts möglich sind und daher das Ausschlussverfahren eingesetzt werden soll. Ebenso werden Färbemittel genutzt, wenn alle anderen Verfahren nicht zu einem Ergebnis geführt haben, oder auch dann, wenn der Aufwand zunächst gering gehalten werden soll. In der Regel muss das eingefärbte Wasser künstlich angestaut werden, damit das Verfahren erfolgreich angewendet werden kann. Bei Flachdächern müssen entweder Staustufen durch Abschottungen hergestellt werden, oder es müssen – sofern eine innen liegende Entwässerung vorliegt – die Einläufe abgedichtet werden. Zu diesem Zweck eignen sich Absperrblasen, die im Fachhandel für sämtliche Rohrdurchmesser erhältlich sind.

Die Absperrblasen (siehe Abb. 4.62 und 4.63) verfügen entweder über einen Druckluftanschluss oder über ein Autoreifenventil. Sie werden in die Fallrohre eingeführt und dort über einen Versorgungsschlauch mit Druckluft befüllt. Damit sie bei der Entlastung nicht in die Fallrohre abgleiten, sind sie mit einer Sicherungskette ausgerüstet.

Praxistipp

Die Befüllung der Absperrblasen kann von Hand mit einer stabilen Fahrradreifen-Luftpumpe erfolgen. Komfortabler ist die Verwendung eines Akkukompressors oder eines Gefäßfüllers (siehe Abb. 4.64 und 4.65).

Abb. 4.64: Akkukompressor

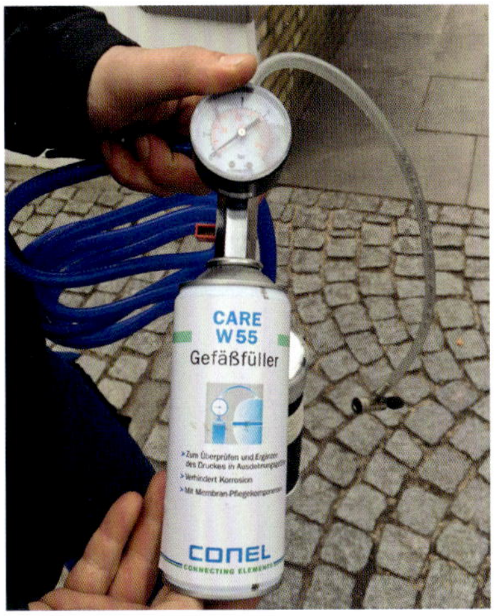

Abb. 4.65: Gefäßfüller

> **Praxistipp**
>
> Ob das mit Färbemittel angereicherte Wasser in die Kanalisation oder den Vorfluter eingeleitet werden darf, muss zuvor mit der unteren Wasserbehörde abgeklärt werden. Auch die entsprechenden Datenblätter geben Auskunft darüber, ob das Färbemittel umweltverträglich ist.

Nachfolgend werden die gängigsten Färbemittel mit den jeweiligen Vor- und Nachteilen vorgestellt:

- Lebensmittelfarbe,
- Kaliumpermanganat,
- Rhodamin,
- Uranin,
- UV-Luminat.

Das preiswerteste Färbemittel mit der größten Farbauswahl ist **Lebensmittelfarbe**. Ihr Vorteil besteht darin, dass sie sich auswaschen lässt und verschmutzte Flächen leicht zu reinigen sind. Gleichzeitig ist dies ein Nachteil: Wenn gefärbtes Wasser mehrere Schichten durchdringen muss, um von der Einbringstelle zur Austrittsstelle zu gelangen, kann sich die Farbe auswaschen und es ist kein Nachweis möglich.

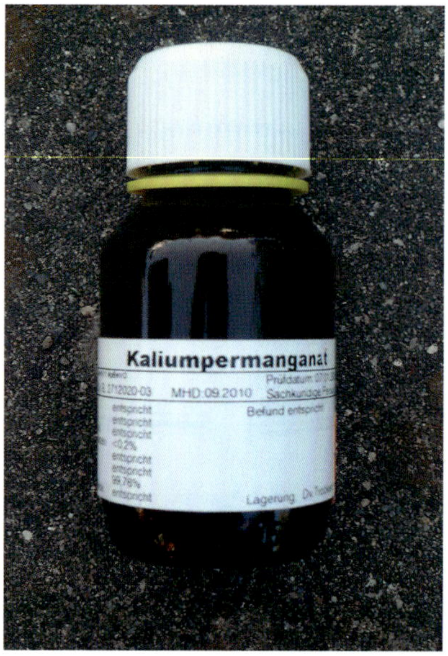

Abb. 4.66: Färbemittel Kaliumpermanganat

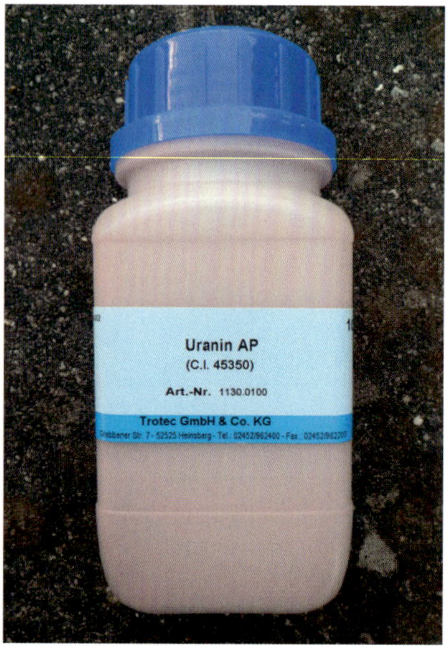

Abb. 4.67: Färbemittel Uranin

Kaliumpermanganat (siehe Abb. 4.66) kann bereits bei geringster Konzentration zu einer purpurfarbenen Durchfärbung des Wassers führen, die jedoch nach dem Abtrocknen als Farbrückstand auf der Oberfläche bleiben kann.

Rhodamin ist ein mikroskopisches Pulver, d. h. ein sehr feines Pulver, von dem kleinste Mengen für eine intensive Färbung ausreichen. Rhodamin besitzt ebenfalls eine rötliche Färbung. Es fällt unter die Gefahrstoffe. Rhodamin darf nicht ins Grundwasser gelangen und scheidet somit als Nachweisstoff für Abwasserleitungen, Flachdächer und Außenabdichtungen aus.

Uranin (siehe Abb. 4.67) ist ebenfalls ein mikroskopisches Pulver und weist eine grünliche Färbung auf. Es wird z. B. im Wasserbau zur Kontrolle von Fließrichtungen verwendet. Das Mischungsverhältnis von Uranin beträgt 1 g auf 100 l Wasser. In dieser Konzentration lässt es sich mit bloßem Auge erkennen (siehe Abb. 4.68).

Abb. 4.69: UV-A-Handstrahler

Abb. 4.68: Segmentierte Balkonfläche, mit unterschiedlichen Färbemitteln beaufschlagt

Praxistipp

Zum Anrühren von Uranin wird das Glas oder der Becher mit dem Färbemittel tief in einen Eimer gehalten und ca. 1 Messerspitze Uranin auf den Boden des Eimers gegeben. Danach wird der Eimer vorsichtig mit Wasser gefüllt.

Wird zuerst Wasser in den Eimer gefüllt und anschließend versucht, das Uranin in den Eimer zu geben, kann das Uranin durch einen Windhauch verstreut werden, statt in den Eimer zu gelangen.

Falls Uraninpulver verschüttet wird, sollte es am besten trocken aufgekehrt oder aufgesaugt werden. Es darf nicht mit einem nassen Lappen aufgewischt werden und ist von Textilien fernzuhalten.

Bei einem Mischungsverhältnis von 1 g auf 1.000 l Wasser lässt sich Uranin nur noch mithilfe einer UV-Lampe, umgangssprachlich auch als Schwarzlichtlampe bezeichnet, sichtbar machen, da es fluoreszierende Eigenschaften besitzt (siehe Abb. 4.69). Diese UV-Lampen gibt es in unterschiedlichen Ausführungen von netzbetriebenen über akkubetriebene bis hin zur Taschenlampengröße.

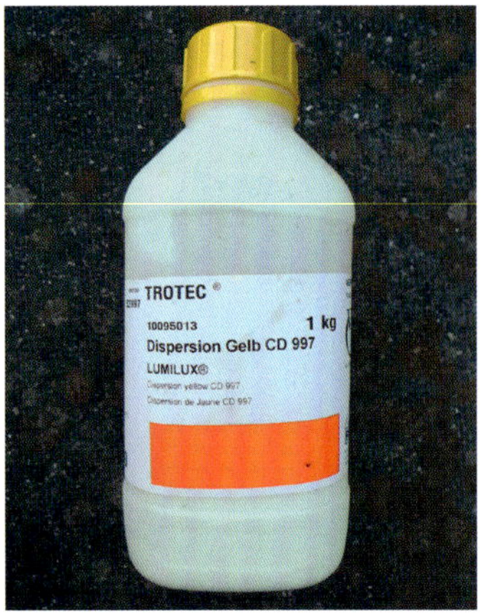

Abb. 4.70: Färbemittel UV-Luminat

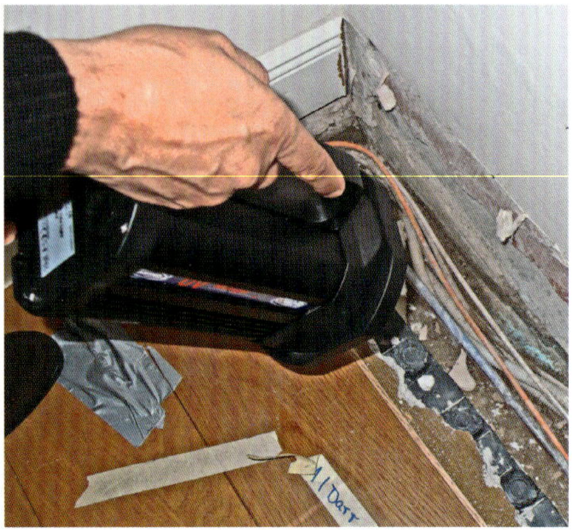

Abb. 4.71: Anstrahlen der vermuteten Leckstelle mit dem UV-A-Strahler

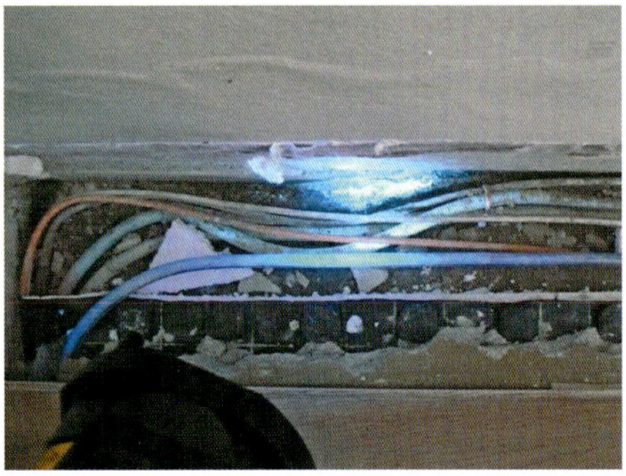

Abb. 4.72: Anstrahlen der vermuteten Leckstelle mit dem UV-A-Strahler

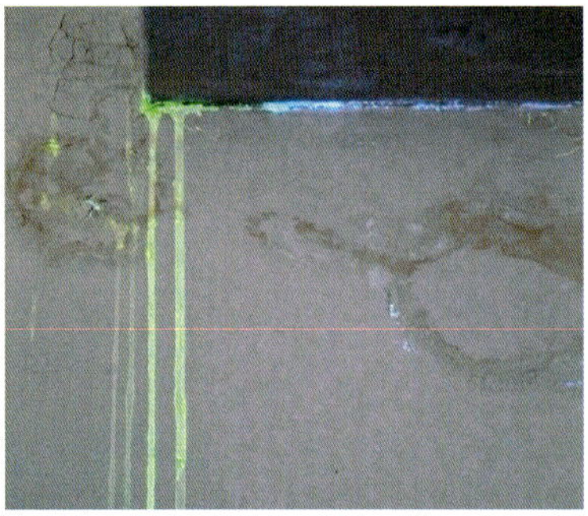

Abb 4.73: Verfärbungsspur an einer Wand durch Einsatz von UV-Luminat

Praxistipp

Die Austrittsstelle sollte vorher mit der UV-Lampe kontrolliert werden, da manche Baustoffe fluoreszierende Bestandteile besitzen. Die leuchtenden Stellen sollten z. B. mit einem Bleistift markiert werden. So lässt sich später das Uranin besser von den bereits vorhandenen leuchtenden Stellen unterscheiden. In dunklen Räumen reicht eine herkömmliche UV-Lampe aus, die zur Geldscheinprüfung verwendet wird.

UV-Luminat (siehe Abb. 4.70) ist ein „unsichtbares" Färbemittel, das sich nur mit einer UV-Lampe sichtbar machen lässt. Es wird zurzeit in Gelb und Rot angeboten.

Die milchige Flüssigkeit wird mit Wasser angemischt. Das Verhältnis sind ca. 20 ml UV-Luminat auf 10 l Wasser. Die Mischung wird mit der UV-Lampe kontrolliert. Leuchtet die Flüssigkeit grün oder rot, stimmt das Mischungsverhältnis; ansonsten muss noch etwas UV-Luminat hinzugegeben werden.

Damit die Flüssigkeit an der Austrittsstelle sichtbar gemacht werden kann, ist eine UV-A-Lampe erforderlich (siehe Abb. 4.71 bis 4.73). Auch bei UV-Strahlungen gibt es unterschiedliche Wellenlängen; aus diesem Grund sollten UV-Lampen verwendet werden, die der Hersteller des UV-Luminats empfiehlt, da es ansonsten vorkommen kann, dass nichts sichtbar ist.

Eckdaten

Messverfahren/Messgerät	UV-Färbemittelanalyse
Messsonde	keine Angaben
physikalische Grundlage	keine Angaben
obligatorische Anwendung	Färbemittelanalyse
optionale Anwendung	Dichtigkeitsprüfung
Messbereich	keine Angaben
Auflösung	keine Angaben
Gerätetoleranz	keine Angaben
Verfahrenstoleranz	keine Angaben
Kalibrierintervall	keine Angaben

4.13 Fernglas

Ab einer Höhe von ca. 3 m lassen sich Risse und andere Unregelmäßigkeiten an Fassaden nicht mehr mit dem bloßen Auge erkennen. Wenn weder ein Gerüst noch ein Hubwagen verfügbar ist, lässt sich die Überprüfung von Fassadenflächen sehr gut mit einem Fernglas durchführen (siehe Abb. 4.74).

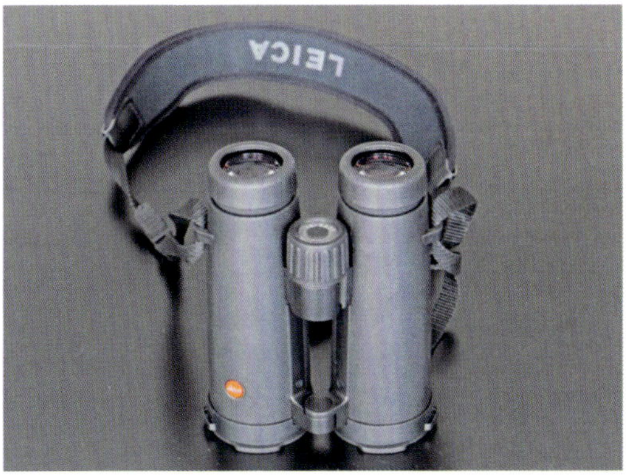

Abb. 4.74: Fernglas Leica Noctivid 10 x 42 zur Fassadenbeurteilung

Abb. 4.75 und 4.76: Franke'sche Prüfplatte

4.14 Franke'sche Prüfplatte

Die Franke'sche Prüfplatte, eine Wasseraufnahme-Prüfplatte (WA-Prüfplatte), wurde 1987 von Prof. Dr.-Ing. Lutz Franke an der Technischen Universität Hamburg-Harburg entwickelt.

Mit der Franke'schen Prüfplatte kann die Wasseraufnahme von Fassaden überprüft werden. Das Funktionsprinzip entspricht dem des Karsten'schen Prüfröhrchens. Die Prüfplatte besteht aus durchsichtigem Acryl mit einem Winkelröhrchen mit Pegelmarkierung zur Befüllung mit Wasser.

Nach Anbringung der Franke'schen Prüfplatte mit einer geeigneten Dichtmasse an der zu prüfenden Oberfläche (siehe Abb. 4.75 und 4.76) erfolgt die ständige Befüllung des Hohlraumes zwischen der Platte und dem zu prüfenden Untergrund über das Winkelröhrchen (siehe Abb. 4.77).

Die Menge des nachgefüllten Wassers wird nach 1, 5, 10 und 15 Minuten durch Ablesung an einem skalierten Füllgefäß oder durch Wiegung bestimmt. Die Menge des während der insgesamt fünfzehnminütigen Messdauer nachgefüllten Wassers ergibt den Messwert, der unmittelbar zur Beurteilung herangezogen werden und im Vergleich auf eine Fassadenfläche von 1 m^2 sowie eine Einwirkungszeit von 1 Stunde hochgerechnet werden kann.

Der Unterschied zum Karsten'schen Prüfröhrchen mit seiner Prüffläche von 7,065 cm^2 liegt in einer größeren Prüffläche mit den Abmessungen 25 cm × 8,3 cm = 207,5 cm^2. Hierdurch werden Messungenauigkeiten, die auf die nicht scharfkantigen Konturen der Abdichtungsmasse zurückzuführen sind, minimiert und dadurch repräsentativere Ergebnisse erzielt.

Zur Beurteilung der Wasseraufnahme von Fassaden mithilfe der Franke'schen Prüfplatte werden gemäß Merkblatt „Die WA-Prüfplakette nach Franke zur Beurteilung der Wasseraufnahme von Fassaden" (Technische Universität Hamburg [TUHH], Institut für Biophysik und Werkstoffe im Bauwesen, o. J.) folgende Richtwerte herangezogen:

Abb. 4.77: Befüllung der Franke'schen Prüfplatte

„5. Bewertung der Messwerte bei Sichtmauerwerksfassaden

(...)

Wasseraufnahmewerte bis 100 ml/15 min können beim o. g. Sichtmauerwerk als gut, von 100–150 ml/15 min als noch akzeptabel angesehen werden. Entsprechendes einschaliges Mauerwerk mit Werten über 150 ml/15 min ist in der Regel als nicht schlagregendicht einzustufen.

Die Beurteilung der Messwerte bei 2-schaligem Mauerwerk mit Luftschicht ist Ermessenssache. Aus Gründen der Dauerhaftigkeit des Mauerwerks sollten aber auch hier die Werte sinnvoll begrenzt werden (Algenwachstum aus den Fugen, Frostgefahr).“

4.15 Frequenzanalyse

Leckstellen an Wasser führenden Leitungen zeigen sich nicht nur durch erhöhte Feuchte, sondern auch durch ein entstehendes Geräusch an der Austrittsstelle. Mithilfe der Frequenzanalyse, die auch als Horchverfahren bezeichnet wird, können solche Undichtigkeiten lokalisiert werden. An der Leckstelle entstehen Schallwellen, die sich durch Luft oder durch angrenzende Bauteile fortpflanzen. Zum Abhören des Leckgeräusches stehen 2 Arten von Mikrofonen zur Verfügung (siehe Abb. 4.78 bis 4.80). Der Piezostab ist ein stabförmiges Kontaktmikrofon, das direkt auf die wasserführende Leitung aufgesetzt wird. Die Horchglocke wird auf den Boden oder die Wand gesetzt. Die Mikrofone wandeln die Schallwellen in elektrische Schwingungen um, die mithilfe des Basisgerätes als Geräusch über den Kopfhörer hörbar oder über ein Display als Balkendiagramme sichtbar gemacht werden können. Moderne Geräte bieten heute die Möglichkeit, Stör- und Umweltgeräusche herauszufiltern. Dennoch gehört sehr viel Erfahrung dazu, mit der Frequenzanalyse Lecks in Wasserleitungen zu finden.

Abb. 4.78: HL 7000 mit Piezostab, Horchglocke, Kopfhörer, H2-Sensor (Quelle: Firma SebaKMT Megger Germany GmbH, Baunach)

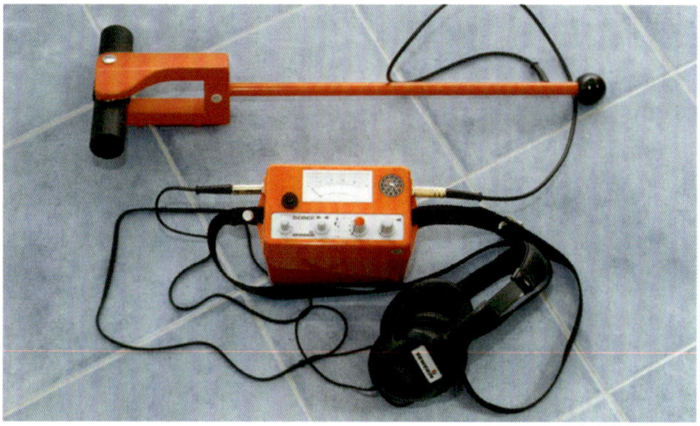

Abb. 4.79: Severin-Ortungsgerät für Leckstellen und Leitungen

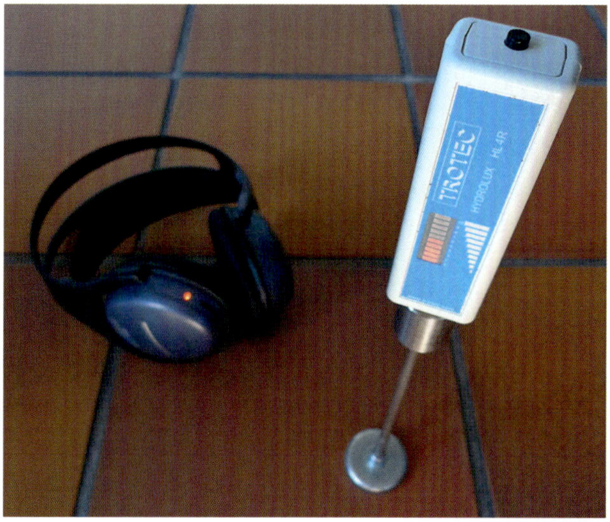

Abb. 4.80: Leckortung durch Tonsignalverstärkung

Der Vorteil beim Einsatz von Horchverfahren liegt darin, dass nicht direkt in das bestehende Leitungsnetz eingegriffen werden muss. Jede Druck führende Leitung im Haus hat einen Eigendruck, der zwischen 3 und 5 bar liegt. Dieser Druck reicht in der Regel aus, damit ein zu ortendes Geräusch an der Leckstelle entsteht.

Praxistipp

Sollte das Geräusch zu leise sein, besteht die Möglichkeit, mithilfe eines Kompressors Luft in die Wasser führende Leitung zu pressen und somit ein besser hörbares Luft-Wasser-Gemisch zu erzeugen. Hierzu muss in das Leitungsnetz eingegriffen werden. Dies darf nur durch ausgebildetes Personal erfolgen; in der Regel ist das der Heizungs-/Sanitärbetrieb.

Der Kopfhörer sollte zu Beginn einer Messung – insbesondere ein geräuschdämpfender Kopfhörer – nicht komplett aufgesetzt werden, solange die Messlautstärke noch nicht eingestellt ist. Während der Messung sollten im unmittelbaren Umfeld keine Geräusche erzeugt werden. Alle nicht direkt an der Messung beteiligten Personen sind aufgefordert, den Raum zu verlassen. Fallende Gegenstände und Geräusche von Personen haben bereits zu schmerzhaften Verletzungen der Gehörgänge geführt.

Eckdaten

Messverfahren/Messgerät	Frequenzanalyse/Horchverfahren
Messsonde	Piezostab, Teller, Bodenmikrofon (Horchglocke)
physikalische Grundlage	Geräuschverstärker
obligatorische Anwendung	Ortung von Körperschall
optionale Anwendung	keine Angaben
Frequenzbereich	70 bis 1.800 Hz
Auflösung	keine Angaben
Gerätetoleranz	keine Angaben
Verfahrenstoleranz	keine Angaben
Kalibrierintervall	keine Angaben

4.16 Gasanalyse

Ausführungen zur Gasanalyse finden sich in Kapitel 4.35.

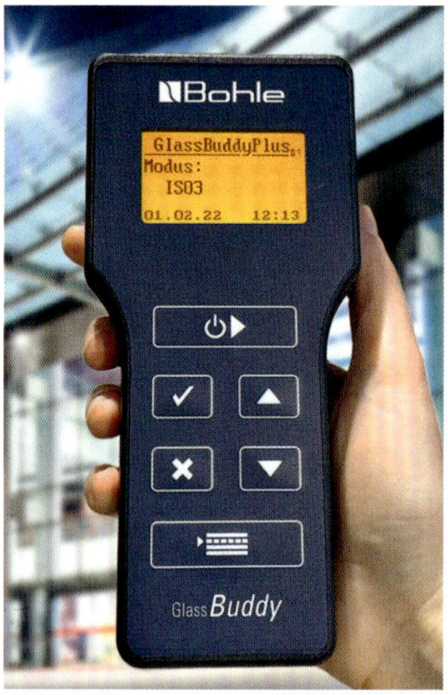

Abb. 4.81: Prüfung der Verglasung mit dem GlassBuddy® der Firma Bohle (Quelle: Bohle AG, Haan)

4.17 Glasmessung

Mithilfe geeigneter Messgeräte wie dem GlassBuddy des Herstellers Bohle mit Lasertechnik kann der Scheibenaufbau von Flachglas im Einbauzustand zerstörungsfrei überprüft werden (siehe Abb. 4.81). Hierbei lassen sich die Dicken der Scheiben und der Scheibenzwischenräume (SZR) messen und im Gerät abspeichern. Ferner lässt sich mit einigen Geräten auch die Lage einer zusätzlichen Isolierbeschichtung bestimmen. Angezeigt wird auch die Lage einer Folie bei Verbundsicherheitsglasscheiben (VSG). Mit dem GlassBuddy lassen sich die Glasdicken von Einfachglas bis 21 mm, von VSG, Isolierglas und Panzerglas bis zu einem Gesamtaufbau von 50 mm messen. Die Mindestglasdicke beträgt 1 mm. Die Messung erfolgt durch Auflegen des Geräts auf eine Glasoberfläche und durch Drücken der Prüftaste. Der Abstand zu dem Rand des Rahmens sollte 50 mm betragen.

Bei Isolierglas werden die Dicken der SZR angezeigt. Bis zu 4 Low-E-Beschichtungen werden dargestellt. Bei Verbundglas wird die Lage der PVB-Folienebene angezeigt. Die Messgenauigkeit liegt bei 0,1 mm.

Auf dem Display werden folgende Angaben in mm angezeigt:

- G1 = erste Glasscheibe von der Seite aus gesehen, auf der das Gerät angesetzt wurde,
- SZR = Scheibenzwischenraum zwischen der ersten und der zweiten Glasscheibe,
- G2 = zweite Glasscheibe,
- Position 1 = Low-E-Beschichtung auf der zum Messgerät hinzeigenden Oberfläche,

- Position 2 = Low-E-Beschichtung auf der vom Messgerät abgewandten Oberfläche,
- Position 3 = Low-E-Beschichtung auf der jenseits des SZR liegenden Oberfläche,
- Position 4 = Low-E-Beschichtung auf der außen liegenden Oberfläche.

Die wärmedämmende Eigenschaft der Verglasung hängt auch von der Qualität der Edelgasfüllung des SZR ab. Die Gaskonzentration kann entweder zerstörend überprüft werden, indem das Gas aus dem SZR entnommen wird, oder zerstörungsfrei im Einbauzustand mit einem Gasfüllungsanalyzer als Handgerät.

4.18 Hygrometrische Verfahren

Die hygrometrische Messung dient der zerstörungsfreien oder zerstörungsarmen Feuchteanalyse an und in Baustoffen. Sie kann in 3 unterschiedlichen Formen zur Anwendung kommen:

- hygrometrische Messung im Inneren von Bauteilen,
- hygrometrische Messung an Bauteiloberflächen,
- hygrometrische Messung an einer Baustoffprobe.

Hygrometrische Messung im Inneren von Bauteilen

Bei der hygrometrischen Messung, auch Luftfeuchteausgleichsverfahren, im Inneren von Bauteilen wird die relative Luftfeuchte in den Kapillarporen eines Baustoffs oder in den Hohlräumen einer Baukonstruktion bestimmt.

Die Grundlage dieses Verfahrens basiert darauf, dass mineralische Baustoffe in Wechselwirkung mit der Umgebungsluft stehen. Steigt z. B. die relative Luftfeuchte in einem Raum, so steigt auch die Feuchte im Baustoff. Nach einer gewissen Zeit stellt sich ein sog. Gleichgewichtszustand ein, bei dem der mineralische Baustoff eine bestimmte Menge an Wasser aufweist. Über die Sorptionsisotherme dieses Baustoffes lässt sich der Wassergehalt u in Masse-% in Abhängigkeit von der relativen Luftfeuchte φ (relative Humidity in %) darstellen. Für den zu beurteilenden Baustoff muss es demnach eine bekannte Sorptionsisotherme geben.

Da lediglich für wenige Baustoffe Sorptionsisothermen existieren, werden sie in der Praxis nur selten benutzt; vielmehr wird die relative Feuchte im Baustoff ermittelt. Daraus wird abgeleitet, ob eine Durchfeuchtung vorliegt. Zu diesem Zweck wird ein Loch in den zu prüfenden Baustoff gebohrt, dessen Durchmesser etwas größer ist als der des Sensors. Soll die Durchfeuchtung von Mauerwerk, Beton, Estrichen oder Putz bestimmt werden, sollte das Bohrloch mindestens 30 Minuten lang verschlossen werden, damit sich darin die Ausgleichfeuchte einstellen kann, die auch in den Kapillarporen des Baustoffs vorherrscht. Nach Ablauf der Wartezeit wird der Sensor

Abb. 4.82: Hygrometrische Messung der relativen Luftfeuchte und der Lufttemperatur in den Kapillarporen einer Ziegelwand im abgedichteten Bohrloch

Abb. 4.83: Hygrometrische Messung der relativen Luftfeuchte und der Lufttemperatur unter einem schwimmenden Estrich

Abb. 4.84: Bestimmung der relativen Luftfeuchte innerhalb der Estrichdämmung über die abgeklebte Randfuge

vorsichtig in das Bohrloch geführt und die relative Feuchte abgelesen (siehe Abb. 4.82). Dabei ist zu beachten, dass die empfindliche Elektronik nicht beschädigt oder nass wird. Teilweise bestimmen Sachverständige und Regulierer mit diesem Verfahren auch einen Wasserschaden unter schwimmendem Estrich (siehe Abb. 4.83 und 4.84).

Dieses Messverfahren kann mit der gleichen Vorgehensweise auch bei Hohlräumen wie Holzbalkenkonstruktionen, Ständerwänden oder Fehlböden eingesetzt werden.

Nach der Austrocknung des Bauwerks, wenn die Neubaufeuchte restlos entwichen ist, stellt sich in porösen Baustoffen unter üblichen Nutzungsbedingungen die sog. Ausgleichsfeuchte oder Gleichgewichtsfeuchte ein. Diese ist definiert in der DIN EN 1995-1-1/NA „Nationaler Anhang – National festgelegte Parameter – Eurocode 5: Bemessung und Konstruktion von Holzbauten – Teil 1-1: Allgemeines – Allgemeine Regeln und Regeln für den Hochbau“ (2013):

„NCI NA.3.1.5 Gleichgewichtsfeuchten

(NA.1) Als Gleichgewichtsfeuchte im Gebrauchszustand gilt die sich im Jahresmittel einstellende Feuchte im Bauwerk.“

Auch für andere poröse Baustoffe als Holz gilt der Grundsatz, dass sich die Materialfeuchte an die umgebende Luftfeuchte allmählich anpasst. Die Zeitspanne, in der dies geschieht, ist stoffspezifisch unterschiedlich. Für festgelegte Wertepaare aus relativer Luftfeuchte und Lufttemperatur sind in den Fachregeln (siehe Tabelle 3.5) die Werte der Ausgleichsfeuchte bestimmter Baustoffe aufgeführt.

Die relative Luftfeuchte in dem Porensystem des jeweiligen porösen Baustoffs erreicht im Gleichgewichtszustand einen bestimmten Wert, der sich nur durch äußere Einflüsse verändert. Sie lässt sich mit einer Klimamesssonde ermitteln, die in den Baustoff über ein nach außen hin abgedichtetes Bohrloch eingeführt wird. Eine relative Luftfeuchte, die in einem abgedichteten Bohrloch gemessen wird und die oberhalb der Ausgleichsfeuchte liegt, weist darauf hin, dass eine erhöhte Stofffeuchte vorliegt.

Anhaltswerte für die Ausgleichsfeuchtegehalte verschiedener Baustoffe liefert gemäß DIN EN ISO 10456 „Baustoffe und Bauprodukte – Wärme- und feuchtetechnische Eigenschaften – Tabellierte Bemessungswerte und Verfahren zur Bestimmung der wärmeschutztechnischen Nenn- und Bemessungswerte“ (2010) Tabelle 4.7, jeweils für die beiden unterschiedlichen Wertepaare Temperatur/relative Luftfeuchte 23° C/50 % und 23 °C/80 %:

Tabelle 4.7: Feuchteschutztechnische Eigenschaften und spezifische Wärmekapazität von Wärmedämm- und Mauerwerkstoffen nach DIN EN ISO 10456, Tabelle 4 (2010)

Werkstoff	**Rohdichte**	**Feuchtegehalt bei 23 °C, 50 % relativer Luftfeuchte**[1)]		**Feuchtegehalt bei 23 °C, 80 % relativer Luftfeuchte**[1)]		**Umrechnungsfaktor für den Feuchtegehalt**[2)]				**Wasserdampf-diffusions-widerstandszahl μ**		**spezifische Wärme-kapazität**
	ρ in kg/m³	**u in kg/kg**	**ψ in m³/m³**	**u in kg/kg**	**ψ in m³/m³**	**Feuchte-gehalt u in kg/kg**	**f_u**	**Feuchte-gehalt ψ in m³/m³**	**f_ψ**	**trocken**	**feucht**	**c_p in J/(kg · K)**
expandierter Polystyrol-Hartschaum	10–50		0,000		0,000			< 0,10	4,0	60	60	1.450
extrudierter Polystyrol-Hartschaum	20–65		0,000		0,000			< 0,10	2,5	150	150	1.450
Polyurethanschaum	28–55		0,000		0,000			< 0,15	6,0	60	60	1.400
Mineralwolle	10–200		0,000		0,000			< 0,15	4,0[3)]	1	1	1.030
Phenolharz-Hartschaum	20–50		0,000		0,000			< 0,15	5,0	50	50	1.400
Schaumglas	100–150	0,00		0,00		0	0,0			∞	∞	1.000
Perliteplatten	140–240	0,02		0,03		0–0,03	0,8			5	5	900
expandierter Kork	90–140		0,008		0,011			< 0,10	6,0	10	5	1.560
Holzwolle-Leicht-bauplatten	250–450		0,030		0,050			< 0,10	1,8	5	3	1.470
Holzfaserdämmplatten	40–250	0,02		0,03				< 0,05	1,4	5	3	2.000

Fortsetzung Tabelle 4.7

Werkstoff	Rohdichte	Feuchtegehalt bei 23 °C, 50 % relativer Luftfeuchte[1)]		Feuchtegehalt bei 23 °C, 80 % relativer Luftfeuchte[1)]		Umrechnungsfaktor für den Feuchtegehalt[2)]				Wasserdampf-diffusions-widerstandszahl μ		spezifische Wärme-kapazität
	ρ in kg/m³	u in kg/kg	ψ in m³/m³	u in kg/kg	ψ in m³/m³	Feuchte-gehalt u in kg/kg	f_u	Feuchte-gehalt ψ in m³/m³	f_ψ	trocken	feucht	c_p in J/(kg · K)
Harnstoff-Formalde-hydschaum	10–30	0,10		0,150		< 0,15	0,7			2	2	1.400
Polyurethanschaum	30–50		0,000		0,000			< 0,15	6,0	60	60	1.400
lose Mineralwolle	15–60		0,000		0,000			< 0,15	4,0	1	1	1.030
lose Zellulosefasern	20–60	0,11		0,180		< 0,20	0,5			2	2	1.600
Blähperlite-Schüttung	30–150	0,01		0,020		0–0,02	3,0			2	2	900
Schüttung aus expan-diertem Vermiculit	30–150	0,01		0,020		0–0,02	2,0			3	2	1.080
Blähtonschüttung	200–400	0,00		0,001		0–0,02	4,0			2	2	1.000
Polystyrol-Partikel-schüttung	10–30		0,000		0,000	< 0,10		4	4,0	2	2	1.400
Vollziegel (gebrannter Ton)	1.000–2.400		0,007		0,012			0–0,25	10,0	16	10	1.000

Fortsetzung Tabelle 4.7

Werkstoff	**Rohdichte**	**Feuchtegehalt bei 23 °C, 50 % relativer Luftfeuchte**[1)]		**Feuchtegehalt bei 23 °C, 80 % relativer Luftfeuchte**[1)]		**Umrechnungsfaktor für den Feuchtegehalt**[2)]				**Wasserdampf-diffusions-widerstandszahl μ**		**spezifische Wärme-kapazität**
	ρ in kg/m³	**u in kg/kg**	**ψ in m³/m³**	**u in kg/kg**	**ψ in m³/m³**	**Feuchte-gehalt u in kg/kg**	**f_u**	**Feuchte-gehalt ψ in m³/m³**	**f_ψ**	**trocken**	**feucht**	**c_p in J/(kg · K)**
Kalksandstein	900–2.200		0,012		0,024			0–0,25	10,0	20	15	1.000
Beton mit Bims-zuschlägen	500–1.300		0,020		0,035			0–0,25	4,0	50	40	1.000
Beton mit nichtproigen Zuschlägen und Kunst-stein	1.600–2.400		0,025		0,040			0–0,25	4,0	150	120	1.000
Beton mit Polystyrol-zuschlägen	500–800		0,015		0,025			0–0,25	5,0	120	60	1.000
Beton mit Blähton-zuschlägen	400–700	0,020		0,030		0–0,25	2,6			6	4	1.000
Beton mit überwiegend Blähtonzuschlägen	800–1.700	0,020		0,030		0–0,25	4,0			8	6	1.000
Beton mit mehr als 70 % geblähter Hochofen-schlacke	1.100–1.700	0,020		0,040		0–0,25	4,0			30	20	1.000

Fortsetzung Tabelle 4.7

Werkstoff	Rohdichte	Feuchtegehalt bei 23 °C, 50 % relativer Luftfeuchte[1]		Feuchtegehalt bei 23 °C, 80 % relativer Luftfeuchte[1]		Umrechnungsfaktor für den Feuchtegehalt[2]				Wasserdampf-diffusions-widerstandszahl μ		spezifische Wärme-kapazität
	ρ in kg/m³	u in kg/kg	ψ in m³/m³	u in kg/kg	ψ in m³/m³	Feuchte-gehalt u in kg/kg	f_u	Feuchte-gehalt ψ in m³/m³	f_ψ	trocken	feucht	c_p in J/(kg · K)
Beton mit vorwiegend aus hochtemperaturbe-handeltem taubem Gestein aufereitet	1.100–1.500	0,020		0,040		0–0,25	4,0		15		10	1.000
Porenbeton	300–1.000	0,026		0,045		0–0,25	4,0			10	6	1.000
Beton mit Leicht-zuschlägen	500–2.000		0,030		0,050			0–0,25	4,0	15	10	1.000
Mörtel (Mauermörtel und Putzmörtel)	250–2.000		0,040		0,060			0–0,25	4,0	20	10	1.000

In dieser Tabelle sind allgemeine Werte angegeben. Weitere, vom Werkstoff und der Anwendung abhängige Werte können in national gültigen Tabellen angegeben werden.

1) siehe 8.2

2) Die Auswirkungen der Masseübertragung über flüssiges Wasser und Wasserdampf sowie die Auswirkungen der Änderungen des Aggregatzustandes des Wassers sind durch diese Daten nicht abgedeckt. Der Feuchtegehalt ist der Bereich, für den die Koeffizienten gelten.

3) Die Daten gelten nicht, wenn die warme Seite der Dämmung möglicherweise dauerhaft mit Feuchte versorgt wird.

Anhaltswerte für den Zusammenhang zwischen der hygroskopischen Ausgleichsfeuchte in % der relativen Luftfeuchte und der Materialfeuchte in Masse-% liefert Tabelle 4.8.

Tabelle 4.8: Hygroskopische Ausgleichsfeuchten unterschiedlicher Baustoffe in Masse-% nach WTA-Merkblatt 4-5-99/D:1999-09 „Beurteilung von Mauerwerk – Mauerwerksdiagnostik", Anhang, Tabelle 7

Baustoff	**hygroskopische Ausgleichsfeuchte in Masse-% (entsprechende relative Luftfeuchte in %)**	
historische Vollziegel	< 2 bis 3 (75)	
Vollziegel (Rohdichte 1900)	< 1 (80)	
porosierter Hochlochziegel (Rohdichte 800)	0,75 (80)	
Kalkputz, -mörtel	< 0,5 (75)	
Kalkzementputz	<1,5 (75)	
Kalksandstein (Rohdichte 1900)	< 1,3 (80)	
vulkanischer Tuff (Kassel)	< 6 (75)	<10 (95)
Rheinischer Tuff	< 2 (75)	< 4 (95)
toniger Sandstein	< 1,3 (75)	< 2 (95)
quarzitischer Sandstein		< 0,2 (95)
karbonatischer Sandstein	< 0,8 (75)	< 1,3 (95)
Granit	< 0,1 (75)	< 0,2 (95)
Marmor	< 0,01 (75)	< 0,05 (95)

Die Bestimmung der Porenluftfeuchte kann für ein zweidimensionales Flächenmonitoring angewendet werden, z. B. zur Ermittlung der Feuchteverteilung innerhalb einer Wandfläche.

Das Verfahren lässt sich nur bedingt für ein dreidimensionales Feuchtekataster nutzen, bei dem auch die Feuchteverteilung innerhalb des Wandquerschnitts betrachtet wird. Hierfür werden unterschiedlich tiefe benachbarte Bohrlöcher in das zu untersuchende Bauteil eingebracht. Die Klimamesssonde wird in das jeweils zu untersuchende Bohrloch eingeführt und nach außen hin zur Raumluft mit Plastilin hermetisch abgedichtet.

Dabei gilt es zu beachten, dass die Klimamessung in einem z. B. 40 cm tiefen Bohrloch im Ergebnis nicht ausschließlich das Klima in 40 cm Tiefe anzeigt, sondern den Mittelwert des Klimas im gesamten Bohrloch, also in einem Bereich von 0 bis 40 cm Bohrlochtiefe. Wenn sich in dem Wandquerschnitt bis zu der Bohrlochtiefe verschiedene unterschiedlich feuchte Zonen befinden, wird sich innerhalb des durch diese Zonen hindurch verlaufenden Bohrlochs aufgrund des Wasserdampfausgleichsbestrebens allmählich der Wasserdampfgehalt einstellen, der der Zone mit dem größten Feuchtegehalt entspricht. Insofern liefert die Untersuchung in verschiedenen Tiefen des Wandquerschnitts allenfalls orientierende Hinweise auf die Lage der Zonen mit dem höchsten Feuchtegehalt, nicht aber den genauen Wert der relativen Luftfeuchte an einer bestimmten Stelle.

Um zu segmentierten Klimawerten, getrennt nach bestimmten Wandzonen, zu kommen, müsste jeweils in den vorderen Teil des Bohrlochs ein wasserdampfdichtes Röhrchen eingeschoben werden, dessen Außenseite exakt mit dem Bohrlochdurchmesser übereinstimmt, sodass die Kapillarporen des Bohrloches gegen Wasserdampfwanderung abgedichtet werden. Nur dann besteht die Möglichkeit, den Luftfeuchtegehalt in einer bestimmten Bohrlochtiefe exakt und ohne die Einflüsse der vorderen Wandzonen zu bestimmen.

Für die Praxis bedeutet dies, dass zunächst bei der Vorplanung der Untersuchung sinnvolle Untersuchungszonen für die Tiefenmessung festgelegt werden, die aus praktischen Erwägungen heraus jeweils für sich betrachtet einheitliche Tiefenabmessungen aufweisen. Bei einer 36,5 cm dicken Ziegelsteinwand könnten solche sinnvollen Zonen z. B. sein:

- Segment 1: 0 bis 10 cm,
- Segment 2: 10 bis 20 cm,
- Segment 3: 20 bis 30 cm.

Da die relative Luftfeuchte temperaturabhängig ist und die Temperatur innerhalb des Bauteilquerschnitts variiert, müssen die am Gerät abgelesenen Klimamessergebnisse in den Wert der absoluten Luftfeuchte umgerechnet werden, damit die weiteren Berechnungen durchgeführt werden können.

Praxistipp

In den skandinavischen Ländern und in den USA wird dieses Verfahren seit Jahren erfolgreich zur Bestimmung der Restfeuchte in Betonbauteilen eingesetzt. Beim Betonieren werden Messhülsen mit bestimmten Längen – abhängig von der Bauteilstärke – eingesetzt. Beim Messen wird die Membrane am Kopf der Messhülse durchstoßen und die relative Feuchte in der Hülse gemessen. Mithilfe von Sorptionsisothermen lässt sich anschließend die Restfeuchte in Masse-% ablesen.

Hygrometrische Messung an Bauteiloberflächen

Bei der hygrometrischen Messung an Bauteiloberflächen wird ein bestimmter Bereich der Oberfläche wasserdampfdicht abgeschottet und die sich innerhalb der Luft an der Bauteiloberfläche einstellende relative Luftfeuchte gemessen. Die Abschottung kann z. B. durch eine umlaufend abgeklebte Folie erfolgen oder durch ein seitlich zur Bauteiloberfläche hin offenes Prüfbehältnis mit einer Öffnung, in die sich die Messsonde einführen lässt.

Hygrometrische Messung an Baustoffproben

Bei der hygrometrischen Messung an Baustoffproben wird ein definiertes verschließbares Behältnis in der Form einer Prüfkammer eingesetzt, in das die Materialprobe eingelegt wird. Das Behältnis muss die Einführung der Messsonde gestatten. Einwaagegewicht des Prüfkörpers, Prüfkörpervolumen und das Volumen des Prüfbehälters müssen bekannt sein oder ermittelt werden.

Eckdaten

Messverfahren/Messgerät	hygrometrisches Messverfahren
Messsonde	Temperatur und relative Luftfeuchtefühler
physikalische Grundlage	keine Angaben
obligatorische Anwendung	Messung der relativen Luftfeuchte
optionale Anwendung	Messung der Temperatur und der relativen Luftfeuchte
Messbereich	–40 bis +180 °C/0 bis 100 %
Auflösung	0,1
Gerätetoleranz	0,1 °C/0,1 %
Verfahrenstoleranz	keine Angaben
Kalibrierintervall	nach Angaben des Herstellers

4.19 Isotopenanalyse

Die Isotopenanalyse wird seit etwa 10 bis 15 Jahren in der Bauforensik angewendet und dient der Typbestimmung von Schadwasser (Horn et al., 2012; Wiesmaier et al., 2017; Wiesmaier et al. 2019). Die Analyse wird in Zusammenarbeit mit einem Isotopengeochemiker durchgeführt. Unterschieden werden folgende Gruppen von Wassertypen:

- Wässer aus dem Innenbereich (Leitungs-/Frischwasser), Abwässer auf Frischwasserbasis (z. B. Grau-, Schwarz- oder Brauchwasser) und Wasser aus Heizkreisläufen,
- Wässer aus dem Außenbereich (Niederschlag oder Niederschlag führende Leitungen, Oberflächen-, Stau-, Sicker-, Poren-, Kapillar- oder Dränagewasser im objektberührenden Erdreich),

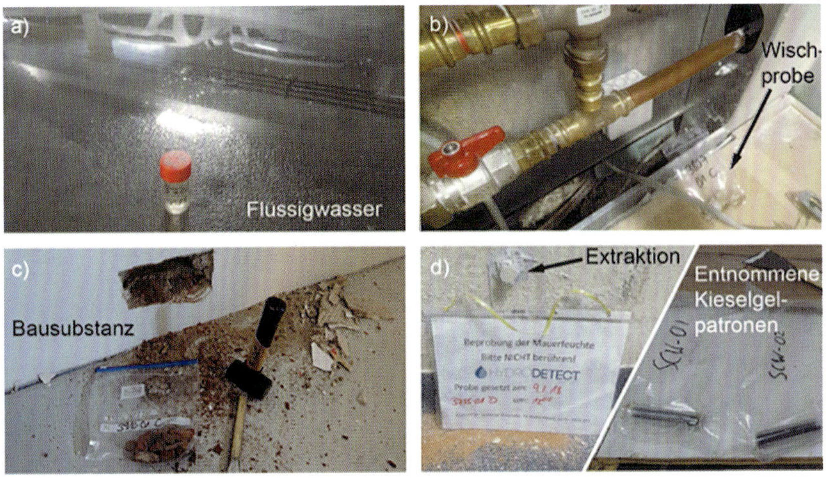

Abb. 4.85 a bis d: Mehrere Arten der Probengewinnung sind möglich: a) Aufnahme von Flüssigwasser, b) Wischprobe (Aufnahme von Tropfen oder Feuchtefilmen), c) Entnahme feuchter Bausubstanz und d) Extraktion von Feuchte per Kieselgelpatrone. (Quelle: Dr. Sebastian Wiesmaier)

- objektberührende Grundwässer unter Zuhilfenahme einer Vergleichsprobe des Grundwassers,
- Kondenswässer (z. B. Schwitzwasser, maschinell erzeugtes Ablaufkondensat aus Kühl- oder Gasbrennwertgeräten).

Eine Unterscheidung zweier Wässer der gleichen Typgruppe ist in der Regel nicht möglich (z. B. Frisch- vs. Heizwasser).

Die Methode eignet sich, wenn unklar ist, ob ein Schaden aus Außenwasser, Wasser aus dem Innenbereich oder aus Kondenswasser vorliegt. Die Isotopenanalyse dient nicht nur zur reinen Schadensforensik, sondern wird routinemäßig als eigenständiges Beweisverfahren herangezogen, z. B. vor Gericht oder gegenüber Regulierern. Ebenfalls kann eine Isotopenanalyse zur Absicherung kostenintensiver Sanierungspläne hilfreich sein.

Erforderlich sind 2 Proben des Schadwassers sowie eine Vergleichsprobe des örtlichen Leitungswassers. Die 2 Proben Schadwasser werden in mindestens 1 bis 2 m Entfernung voneinander entnommen. Die Probenentnahme erfolgt vor etwaigen Trocknungsmaßnahmen oder Wässerungsversuchen. Die Entnahme von Proben kann der Sachverständige vor Ort selbst durchführen (siehe Abb. 4.85 a bis d):

- Flüssigwasser durch Schöpfen, Ansaugen mit einer medizinischen Spritze (ggf. mit Verlängerungsschlauch) o. Ä. (siehe Abb. 4.85 a),
- Wassertropfen oder Feuchtefilme per Wischprobe (Küchenrolle, Papiertaschentücher o. Ä.) (siehe Abb. 4.85 b),
- Feuchte in Bausubstanz (z. B. Mauerwerk, Dämmstoffe, Holze) (siehe Abb. 4.85 c) per Materialprobe oder per Feuchteextraktion (Kieselgelpatrone) (siehe Abb. 4.85 d). Es darf keine maschinelle Entnahme erfolgen, da Reibungshitze die Isotopenwerte des Schadwassers verändert.

Zu vermeiden bei der Entnahme ist eine Kontamination der Probe durch Fremdwässer (z. B. durch regennasse Kleidung oder Speichel). Es müssen trockene und reine Utensilien (Probengefäße, Spritzen usw.) verwendet werden. Sterilität ist keine zwingende Voraussetzung, jedoch sinnvoll. Nach der Entnahme muss eine Verdunstung des Probenwassers durch bruchsichere und dicht schließende Probengefäße verhindert werden. Je nach Probenart haben sich verschiedene Verpackungstechniken bewährt, wie Probenröhrchen oder Druckverschlussbeutel. Eine weitere Umverpackung, z. B. ein zweiter Druckverschlussbeutel für kleine Proben oder mehrere Lagen Frischhaltefolie bei Proben von Bausubstanz, bietet angemessenen Transportschutz. Eine Probenliste und eine eindeutige Beschriftung der Proben sind erforderlich für eine Bearbeitung der Proben. Die Beschriftung kann mit einem wasserfesten Stift direkt auf dem Probenbehälter erfolgen oder mit Klebestreifen, die mit Kugelschreiber beschriftet werden. Die Probenliste beinhaltet die Probennummer, die ungefähre Lage der Entnahmestelle im Objekt und sonstige relevante Informationen.

Die „2 + 1"-Beprobungsstrategie (zweimal Schadwasser, einmal Vergleichsprobe) ist für einen einzelnen, kohärenten Schadenbereich anwendbar. Liegen 2 oder mehrere Schadenbereiche vor, die möglicherweise nicht ursächlich zusammenhängen, ist die Beprobung jedes Schadenbereichs separat geboten. Vergleichsproben müssen nicht gedoppelt werden.

Die Auswertung der erhobenen Daten erfolgt durch Isotopengeochemiker, die in der Bauforensik erfahren sind. Es werden An- und Abreicherung der schweren Isotope von Wasser- und Sauerstoff in einer Wasserprobe bestimmt. Festgestellt werden etwaige Schwankungen der Isotopenwerte im Schadenbereich und Isotopenauftrennungen, die durch Verdunstungsverluste entstanden (siehe Abb. 4.86).

Für die Auswertung sind Angaben zu den vorherrschenden Randbedingungen erforderlich. Qualitative Angaben sind ausreichend, da die Berechnung zur Isotopenauftrennung vergleichsweise unempfindlich gegenüber kleinen Änderungen der Parameter ist. Die für Innenräume angenommenen Normalbedingungen liegen im Bereich von 20 °C Raumtemperatur, 40 bis 60 % relative Luftfeuchte und einer sporadischen bis regelmäßigen, aber leichten Luftverwirbelung (z. B. durch normale Personenbewegung oder Lüftung eines Raumes). Beispiele für relevante Abweichungen von diesen Normalbedingungen sind

- Kühlräume (kalt, trocken),
- gewerbliche Küchenbereiche (warm, feucht),
- hochfrequentierte Räume (feucht, hohe Luftverwirbelung),

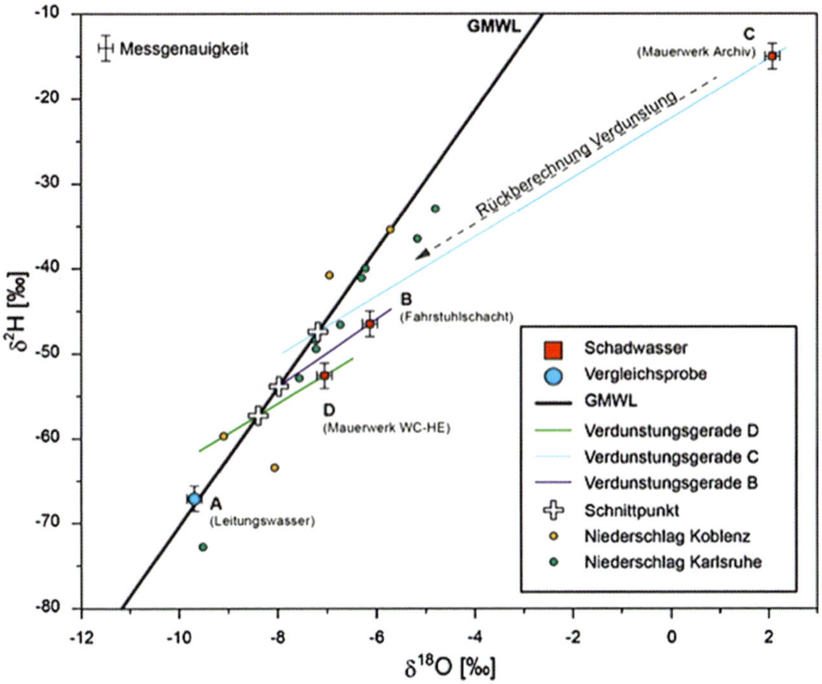

Abb. 4.86: Diagramm aus Werten von $\delta^{18}O$ gegenüber δ^2H. Die Global Meteoric Water Line (GMWL) dient als Referenzbereich für Außenwasser. Die Vergleichsprobe zeigt den Referenzwert für Leitungswasser. Die Schadwasserproben in Rot weisen Verdunstungsverluste auf, die per Verdunstungsgerade auf die GMWL zurückprojiziert werden. Die Schnittpunkte zeigen die ursprünglichen Isotopenwerte einer Probe vor der Verdunstung und werden mit den Referenzwerten abgeglichen. (Quelle: Dr. Sebastian Wiesmaier)

- Heizungsräume (warm, trocken, niederfrequentiert),
- Dämmschichten in Bodenaufbauten, Innenvolumina von Trockenwandaufbauten oder andere gekapselt ausgeführte Subvolumina (minimale Luftverwirbelung, hohe Luftfeuchte durch Präsenz von Schadwasser).

Über die Angaben zu den Randbedingungen werden Verdunstungsverluste herausgerechnet. Die dadurch bereinigten Werte können verglichen werden. Damit kann bestimmt werden, ob ein Schadwasser aus dem Innenbereich stammt, aus dem Außenbereich des Objekts eingedrungen ist oder aber ein Sekundärschaden aus Kondenswasser vorliegt.

Praxistipp

Auf ausreichend Wasservolumen in den Proben ist zu achten. In der Regel ist ein Minimum von 1 ml je Probe erforderlich. Dies kann bei gering feuchten Baustoffen bedeuten, dass ein größeres Volumen an Material entnommen werden muss, um die notwendige Wassermenge zu erzielen.

Erforderlich ist eine ausreichende Dokumentation des Schadenbereichs und der Entnahme der Proben. Dies ermöglicht die Rekonstruktion von Fraktionierungsprozessen der Isotope in Wasserproben, die von Verdunstung und Kondensation gesteuert werden, und bewirkt eine sinnvolle, der Realität entsprechende Auswertung der erhobenen Daten. Für eine aussagekräftige Analyse der Proben werden benötigt:

- Grundriss des Schadenbereichs, in dem die ungefähre Ausbreitung des Schadens sowie die Entnahmestellen der Proben verzeichnet sind,
- Fotos, die die Art der Lagerung des Schadwassers vor der Entnahme zeigen,
- optional die qualitative Angabe der örtlichen Randbedingungen, und zwar insbesondere dann, wenn diese stark von normalen Innenraumbedingungen abweichen (z. B. extrem hohe/tiefe Temperaturen oder andere Parameter, die auffällig erscheinen); Aussagen wie „deutlich wärmer/kälter" sind in der Regel ausreichend.

Eckdaten

Messverfahren/Messgerät	Isotopenanalyse
Messsonde	Labor: Cavity-Ringdown-Spektroskopie
chemische Grundlage	Fraktionierung schwerer Isotope in H_2O
obligatorische Anwendung	Bestimmung des Wassertyps
optionale Anwendung	jahreszeitliche Einordnung von Außenwasser
Messbereich	keine Angaben
Auflösung	Fraktionierung im Promillebereich (‰)
Gerätetoleranz	keine Angaben
Verfahrenstoleranz	1σ: ±1,5 ‰ (δ^2H) und ±0,15 ‰ ($\delta^{18}O$)
Kalibrierintervall	keine Angaben

4.20 Karsten'sches Prüfröhrchen

Die örtlich zur Orientierung durchführbare Überprüfung von Baustoffen und Bauteilen auf Wasseraufnahmefähigkeit erfolgt mit dem Karsten'schen Prüfröhrchen. Untersucht werden u. a. Verblendschalen und einschaliges Sichtmauerwerk.

Bei dem früher üblichen einschaligen Ziegelsichtmauerwerk erfolgt der Schlagregenschutz über eine zeitweise Wasseraufnahme im Mauerwerksquerschnitt. Hierbei wird vorausgesetzt, dass die eingedrungene Feuchte während der Beanspruchungsphase nicht bis nach innen durchdringt und dort zu Schäden führen kann, sondern während der Trocknungsperioden zunächst durch Kapillartrocknung und anschließend durch Wasserdampfdiffusion wieder entweichen kann.

Im Gegensatz zu einschaligem Mauerwerk, bei dem eine Durchfeuchtung von außen in der Regel auch zu Feuchteerscheinungen auf der Raumseite führt, existieren bei zweischaligem Mauerwerk mit Luftschicht keine Grenzwerte für das Wassereindringvermögen der Verblendmauerwerksschale.

Entsprechend den anerkannten Regeln der Technik wird toleriert, dass in einem gewissen Rahmen Schlagregen durch die Verblendvormauerschale aufgenommen wird. Dieses unvermeidbar eindringende Wasser läuft auf der Rückseite der Verblendschale nach unten hin ab und kann durch die hierfür vorgesehenen Entwässerungsöffnungen wieder schadlos aus der Fassade austreten. Die zulässige Menge der auf diese Weise eindringenden Feuchte ist in den einschlägigen Regelwerken nicht definiert.

Anhand der gängigen Orientierungswerte kann hier bis zu einer Größenordnung von 4 bis 6 cm^3 in der ersten Minute ausgegangen werden. 6 cm^3 pro Minute gelten als Einzelwert, 4 cm^3 pro Minute als Mittelwert der jeweiligen Messreihe. Das Konstruktionsprinzip des zweischaligen Mauerwerks mit Luftschicht sorgt dafür, dass auch oberhalb dieser Werte liegende Ausreißer bis zu einer Größenordnung von 9 cm^3 in der ersten Minute in der Regel nicht zu Schädigungen führen. Erst bei deutlich höheren Ergebnissen in der Größenordnung von 10 bis 20 cm^3 in der ersten Minute muss davon ausgegangen werden, dass Mängel am Fugennetz vorliegen, die zu weiteren Schäden führen können.

Grundsätzlich muss heute angenommen werden, dass bis zu einer Wasseraufnahme von 5 bis 6 ml pro Minute eine **geringe Wasseraufnahme** zu konstatieren ist. Gute Einzelwerte liegen bei intakten Fugen erfahrungsgemäß in der Größenordnung von **0 bis 4 cm^3**.

Bei relevanten Überschreitungen liegen in der Regel Abrisse zwischen den Steinflanken und den Fugen oder eine unsachgemäß hergestellte Fuge vor.

Für die Wasseraufnahme der Verblendfassade existieren 5 mögliche Ursachen:

- Porosität des Verblendsteines,
- Risse im Verblendstein,
- Flankenabriss zwischen Verblendstein und Verfugung,
- Porosität der Fuge,
- Risse in der Fuge.

Häufig sind poröse Fugen zu beanstanden. Mögliche Gründe hierfür können sein:

- fehlende Vollfugigkeit,
- fehlerhafte Mörtelanmischung, Überschreitung der zulässigen Verarbeitungsdauer,
- Absäuern der fertig verfugten Fassade mit unverdünnter Salzsäure bei Mörtelverunreinigungen.

Die Prüfung des Wassereindringvermögens kann erfolgen, indem eine ausreichend große Materialprobe aus der Fassade entnommen und im Labor überprüft wird. Dieses Verfahren wird äußerst selten angewandt, weil es sehr aufwendig und einschließlich der Wiederherstellung mit großen Kosten verbunden ist. Für eine repräsentative Aussage reicht zudem eine einzelne Probe nicht aus.

Als zerstörungsfreies Prüfverfahren hat sich daher seit den 1960er-Jahren die „Wassereindringprüfung nach Prof. Karsten“ bewährt.

Die Prüfung erfolgt zerstörungsfrei mithilfe eines exakt kalibrierten Glasröhrchens. Dieses besitzt eine 0,1-cm^3-Skaleneinteilung und eine glockenartige Vergrößerung am unteren Ende mit einem Durchmesser von 26 mm, die sich an der Auflagefläche noch einmal auf einen Durchmesser von 30 mm erweitert. Damit beträgt die Prüffläche 7,1 cm^2. Das maximale Füllvolumen beträgt 10 ml = 10 cm^3.

Die offene, glockenförmige Seite wird mithilfe einer Abdichtungsmasse kontaktschlüssig auf die Verblendfassade aufgesetzt. Das Prüfröhrchen wird bis zur oberen Messmarke mit der Kennzeichnung 0 mit 10 ml Wasser aufgefüllt. Hierdurch entsteht ein Wasserdruck von 100 mm Wassersäule auf der Prüffläche von 7,1 cm^2. Damit wird die Schlagregenbeanspruchung entsprechend den Angaben des Systemgebers bei einer Windgeschwindigkeit von 100 km/h = 27,78 m/sec simuliert (siehe Abb. 4.87 und 4.88).

Sinkt der Wasserpegel im Röhrchen auf den untersten Skalenstrich mit der Bezeichnung 4 ab, wird Wasser bis zum Skalenstrich 0 nachgefüllt. Die auf diese Weise in das Verblendmauerwerk eingedrungene Wassermenge in der ersten Minute ergibt die Aussage über die Wasserdichtigkeit an der Fassadenoberfläche.

Abb. 4.87: Wassereindringprüfung nach Karsten

Abb. 4.88: Wassereindringprüfung bei einem Wärmedämm-Verbundsystem (WDVS) mit Verblendriemchen. Der Untergrund ist hydrophob eingestellt, das in der oberflächennahen Zone der porösen Fugen eingedrungene Wasser tritt seitlich neben der Prüfstelle wieder aus den Fugen aus.

Nach Brüning (in: Klaas/Schulz, 1995, S. 76) sind die in Tabelle 4.9 aufgeführten Werte als angemessen zu erachten. Tabelle 4.10 gibt eine Übersicht über die früher gängigen Grenzwerte für das Wassereindringen in Mörtelfugen von Verblendmauerwerk nach Brüning.

Tabelle 4.9: Wassereindringzahlen in Verblendstein nach Brüning

Art der Verblendsteine	**Mittelwerte (cm^3/min)**
Klinker[1)]	0,5
Vormauerziegel Kalksandstein	1,0
Vormauerziegel handformartig[2)]	3,0

[1)] je nach Sinterungsgrad der Oberfläche

[2)] Es sind höhere Werte möglich.

Tabelle 4.10: Grenzwerte für das Wassereindringen in Mörtelfugen von Verblendmauerwerk nach Brüning

Verblendmauerwerk	Wassersaugvermögen	Wasseraufnahme	Wassereindringvermögen in Mörtelfugen (cm^3/min)	
		Ziegel/Kalksandstein (Masse-%)	Mittelwert	größter Einzelwert
Klinker	schwach	7[1)]	1	2
Vormauerziegel Kalksandstein	mäßig	7[1)] bis 12	2	4
Vormauerziegel handformartig	mäßig	12	4	6

[1)] nach DIN 105 „Mauerziegel" (bei Brüning)

Nach Prof. Karsten sollen je 10 Einzelprüfungen auf Steinen und Fugen durchgeführt werden. Neueren Erkenntnissen zufolge kann jedoch in Einzelfällen von dieser Vorgabe abgewichen werden. Nach Prof. Karsten beträgt der höchste zulässige Mittelwert von 10 Einzelprüfungen 0,5 ml pro Minute. Der höchste zulässige Wert einer Einzelprüfung beträgt 2 ml pro Minute.

Da zweischaliges Mauerwerk mit Luftschicht und Fußpunktentwässerung zum Zeitpunkt der Einführung dieses Prüfverfahrens noch nicht in der DIN 1053 Berücksichtigung gefunden hatte, liegt den oben genannten Werten die Überlegung zugrunde, dass die Fassade in begrenztem Umfang Wasser aufnehmen darf, das anschließend in der Trocknungsphase wieder aus den äußeren Zonen entweicht, ohne bis in das Rauminnere vorzudringen. Insoweit sind für zweischaliges Mauerwerk, bei dem eine Fußpunktentwässerung über die Z-Folie entsprechend der DIN 1053 möglich ist, höhere Werte akzeptabel.

4.21 Korrelator

Bei der Ortung von Leckstellen in Form von Rohrbrüchen im Außenbereich kommt der Korrelator zum Einsatz, ein EDV-unterstütztes Horchgerät (siehe Abb. 4.89). Die Lokalisierung der Leckstelle erfolgt über ein EDV-Programm. Hierzu müssen im Vorfeld die folgenden Parameter eingegeben werden:

- Leitungslänge,
- Durchmesser des zu untersuchenden Rohres,
- Materialart.

Je genauer die Eingabewerte sind, umso präziser ist das Ergebnis.

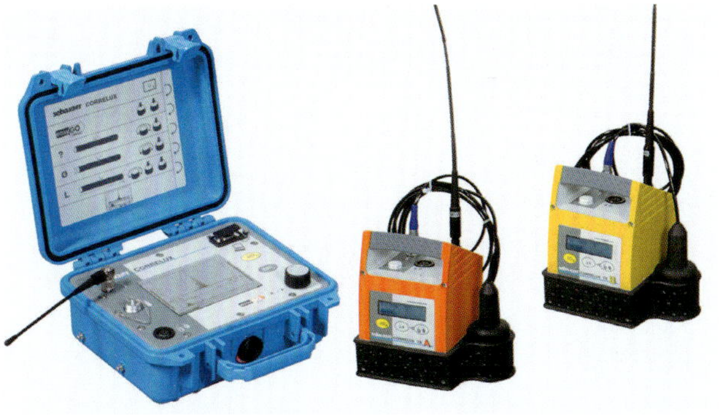

Abb. 4.89: Korrelator mit 2 Sende-/Empfangseinheiten (Quelle: Firma Seba KMT, Baunach)

Abb. 4.90: Darstellung einer Korrelatormessung an einer Außenleitung. Der Peak im Displayausschnitt links oben in der Grafik zeigt die Leckstellen an. (Quelle Grafik: Firma Seba KMT, Baunach)

Bei Einsatz des Korrelators wird auf den Schiebern einer Haltung jeweils ein magnetischer Aufnehmer der Sende-/Empfangseinheit montiert. Danach werden im Korrelator die geforderten Parameter eingegeben. Die Leitungslänge ist bekannt, ebenso die Materialart und das Medium, in der Regel Wasser. Die Leckage erzeugt ein Geräusch, das sich in Schallwellen gleichmäßig in beide Richtungen ausbreitet. Die Aufnehmer auf den Schiebern fangen diese Schallwellen auf. Auf Basis der eingegebenen Werte errechnet die Software die Differenz der Ausbreitungsgeschwindigkeit des Schalls im Rohr, der an der Leckstelle entsteht. Der Korrelator kann über die Differenzmessung die Entfernung von Schieber A (siehe Abb. 4.90, gelber Aufnehmer) zur Leckstelle und von Schieber B (siehe Abb. 4.90, roter Aufnehmer) zur Leckstelle anzeigen. Wurde die Entfernung von A nach B exakt gemessen und eingegeben, ist die Angabe der Trefferwahrscheinlichkeit sehr hoch. Die Leckstelle wird als Peak im Display des Korrelators angezeigt.

Die heutigen Korrelatoren erlauben sogar die Eingabe von Abzweigen, Rohrverjüngungen und Rohrvergrößerungen.

Praxistipp

Bei Messungen mit dem Korrelator sind Nebengeräusche störend und können das Messergebnis beeinflussen. Es ist teilweise erforderlich, dass Straßen gesperrt oder Messungen erst in der Nacht durchgeführt werden können.

Eckdaten

Messverfahren/Messgerät	Korrelator
Messsonde	piezokeramische Aufnehmer, Hydrophon
physikalische Grundlage	Geräuschverstärker
obligatorische Anwendung	Ortung von Körperschall
optionale Anwendung	keine Angaben
Messbereich	0 bis 4.000 Hz
Auflösung	keine Angaben
Gerätetoleranz	keine Angaben
Verfahrenstoleranz	keine Angaben
Kalibrierintervall	keine Angaben

4.22 KRL-Methode

Für die Beurteilung der Belegreife von mineralischen Estrichen kommt neben der hauptsächlich angewandten CM-Messung (siehe Kapitel 4.4) nach dem TKB-Merkblatt 18 „KRL-Methode Messung und Beurteilung der Feuchte von mineralischen Estrichen“ (Technische Kommission Bauklebstoffe [TKB], 2021) die Messung der korrespondierenden relativen Luftfeuchte (KRL) in Betracht:

„2 Definitionen

Belegreife

Die Belegreife ist ‚der Zustand eines Estrichs, in dem er für die schadens- bzw. mangelfreie dauerhafte Aufnahme eines Bodenbelags geeignet ist.‘

Abb. 4.91: KRL-Becher mit luftdicht verschließbarem Deckel (Quelle: Firma Radtke Messtechnik, Schweiz)

Abb. 4.92: KRL-Adapter für CM-Messflasche mit luftdicht verschließbarem Deckel und Durchgang für die Messsonde (Quelle: Firma Radtke Messtechnik, Schweiz)

Korrespondierende relative Luftfeuchte

Die korrespondierende relative Luftfeuchte ist diejenige relative Luftfeuchte in Prozent [% r. F.], die sich im Luftraum über einer Stemmprobe des zu messenden Materials im Gleichgewichtszustand einstellt.

KRL-Methode

Die KRL-Methode erlaubt die Bestimmung des Feuchtezustands eines Untergrunds anhand der Messung der korrespondierenden relativen Luftfeuchtigkeit an einer aus dem Untergrund entnommenen Materialprobe. Der KRL-Messwert ist ein zuverlässiger Indikator für den Feuchtezustand eines Estrichs vor der Belegung mit Bodenbelägen oder Parkett."

Die Probenentnahme aus dem Estrich erfolgt wie bei der CM-Messung. Das im Mörser zerkleinerte Prüfgut wird in eine luftdicht verschließbares Messkammer gefüllt. Über einen verschließbaren Zugang kann eine geeignete Messsonde in das Innere des Behältnisses eingeführt werden und dort die relative Luftfeuchte erfassen (siehe Abb. 4.91 und 4.92).

4.23 Luftleckstellenortung

Zur Ortung von Luftleckstellen in der Gebäudehülle wird überwiegend das Differenzdruckmessverfahren eingesetzt. Dabei wird das Haus oder die Wohnung nacheinander sowohl unter Über- als auch unter Unterdruck gesetzt.

Bei diesem Prüfverfahren wird eine sog. Gebläsetür oder Blower-Door mit Spannrahmen luftdicht in einen Türrahmen eingesetzt (siehe Abb. 4.93). Mithilfe dieser Gebläsetür wird nach hermetischer Abschottung anderer Zugänge und Fugen zunächst ein Unterdruck, dann ein Überdruck von 50 Pa (entspricht ca. Windstärke 5, aber auch 5 mm Wassersäule) im Gebäudeinneren erzeugt.

Abb. 4.93: Gebläsetür (Blower-Door)

Das Gebläse transportiert den Volumenstrom, der Fugen, Löcher und andere Undichtigkeiten durchwandert. Der Mittelwert aus dem Unterdruck- und dem Überdruck-Messergebnis als stündlich transportierte Luftmenge, bezogen auf das zu beheizende Raumvolumen des Gebäudes, ergibt die **Luftwechselrate**.

Tabelle 4.11 klassifiziert nach Beaufort die Winde nach Geschwindigkeiten. Es handelt sich um das am weitesten verbreitete System zur Beschreibung der Windgeschwindigkeit, das nicht nur in der Meteorologie, sondern auch zur Bestimmung von Luftleckstellen verwendet wird.

Tabelle 4.11: Windgeschwindigkeiten nach Beaufort

Stufe	Beauforts Skala	Windgeschwindigkeit			Staudruck (Pa)
		(m/s)	(km/h)	(Knoten)	
0	Windstille	0 bis 0,2	1	1	0
1	leiser Zug	0,3 bis 1,5	1 bis 5	1 bis 3	0 bis 1
2	leichter Wind	1,6 bis 3,3	6 bis 11	4 bis 6	2 bis 6

Fortsetzung Tabelle 4.11

Stufe	Beauforts Skala	Windgeschwindigkeit			Staudruck (Pa)
		(m/s)	(km/h)	(Knoten)	
3	schwacher Wind	3,4 bis 5,4	12 bis 19	7 bis 10	7 bis 18
4	mäßiger Wind	5,5 bis 7,9	20 bis 28	11 bis 15	19 bis 39
5	frischer Wind	8,0 bis 10,7	29 bis 38	16 bis 21	40 bis 72
6	starker Wind	10,8 bis 13,8	39 bis 49	22 bis 27	73 bis 119
7	harter steifer Wind	13,9 bis 17,1	50 bis 61	28 bis 33	120 bis 183
8	stürmischer Wind	17,2 bis 20,7	62 bis 74	34 bis 40	184 bis 268
9	Sturm	20,8 bis 24,4	75 bis 88	41 bis 47	269 bis 377
10	starker Sturm	24,5 bis 28,4	89 bis 102	48 bis 55	378 bis 505
11	heftiger starker Sturm	28,5 bis 32,6	103 bis 117	56 bis 63	506 bis 665
12	Orkan	32,7 und mehr	118 und mehr	64 und mehr	666 und mehr

untere und obere Grenzen der Geschwindigkeits- und Druckstufen im Vergleich zu Beaufortgraden

m/s = Meter pro Sekunde
km/h = Kilometer pro Stunde
Knoten = Seemeilen pro Stunde (1 Seemeile = 1852 Meter)
Staudruck = Druck des Windes in Kilogramm pro m² auf einer ebenen, senkrecht zum Winde stehenden Fläche

Die Mängelstellen, d. h. Undichtigkeiten, werden mit einem Anemometer (Windgeschwindigkeitsmessgerät) (siehe auch Kapitel 4.2) aufgespürt.

Als Orientierungswert für die Größenordnung einer als störend empfundenen Luftbewegung in Räumlichkeiten kann beispielhaft die Technische Regel für Arbeitsstätten ASR A3.6 (Ausschuss für Arbeitsstätten, 2012) herangezogen werden:

„6 Raumlufttechnische Anlagen

(…)

6.5 Raumluftgeschwindigkeit

(1) In den Aufenthaltsbereichen darf keine unzumutbare Zugluft auftreten.

Abb. 4.94: Testo-Messgerät mit Behaglichkeitssonde

(2) Zugluft ist vorwiegend von der Lufttemperatur, der Luftgeschwindigkeit, dem Turbulenzgrad und der Art der Tätigkeit (d. h. Wärmeerzeugung durch körperliche Arbeit) abhängig.

Bei einer Lufttemperatur von +20 °C, einem Turbulenzgrad von 40 % und einer mittleren Luftgeschwindigkeit unter 0,15 m/s tritt bei leichter Arbeitsschwere üblicherweise keine unzumutbare Zugluft auf.

Bei größerer körperlicher Aktivität, anderen Lufttemperaturen oder anderen Turbulenzgraden kann der Wert für die mittlere Luftgeschwindigkeit abweichen und ist im Rahmen der Gefährdungsbeurteilung zu bewerten.“

An der Größenordnung der örtlichen Messergebnisse im Vergleich zu dem Referenzwert von 0,15 m/s kann erkannt werden, ob eine deutliche Überschreitung tolerierbarer Luftstrombewegungen innerhalb eines Arbeitsraumes oder einer Wohnung stattfindet. Die Messung mit herkömmlichen Flügelrad-Anemometer-Messsonden führt in der Regel nicht zu verwertbaren Ergebnissen, da diese hinsichtlich der Messgenauigkeit auf größere Luftbewegungen als 0,15 m/sec ausgelegt sind. Für die Überprüfung von Zugerscheinungen werden vielmehr sog. Behaglichkeitsmesssonden (siehe Abb. 4.94) oder Strömungssonden eingesetzt, die speziell in dem hier interessierenden unteren Luftbewegungsbereich genaue Ergebnisse liefern und gleichzeitig die Veränderungen der Lufttemperaturen erfassen.

DIN 1946-6 „Raumlufttechnik – Teil 6: Lüftung von Wohnungen – Allgemeine Anforderungen, Anforderungen an die Auslegung, Ausführung, Inbetriebnahme und Übergabe sowie Instandhaltung“ (2019) regelt den Bereich, der als Aufenthaltsbereich in Wohnungen zu bewerten ist:

„3 Begriffe, Abkürzungen und graphische Symbole

3.1 Begriffe

Für die Anwendung dieses Dokuments gelten die Begriffe nach DIN EN 12792, E DIN 4749:2018-05 und die folgenden Begriffe.

3.1.4 Aufenthaltsbereich

Behaglichkeitsbereich in Räumen, der durch eine Höhe von 0,1 m bis 1,8 m über dem Fußboden und einem Abstand von den Außen- und Innenwänden von 0,5 m und von den Außenfenstern, Türen und Heizflächen von 1,0 m gebildet wird

[QUELLE: DIN EN 12792:2004-01, Abschnitt 3, Nr. 273, modifiziert — Definition verändert]"

Hohe Werte von Lufteintrittsgeschwindigkeiten sind nicht akzeptabel, wenn ein Aufenthalt in der Nähe der Leckstelle sich gar nicht vermeiden lässt, wie z. B. im Bereich des WC-Beckens, bei dem der Nutzer sich zwangsläufig in einem geringen Abstand zu dem Spültaster aufhält und einer dort austretenden Zugerscheinung schlecht ausweichen kann.

Geprüft wird die Luftwechselzahl n (h^{-1}) nach dem sogenannten Differenzdruckmessverfahren, bei dem innerhalb der Räumlichkeiten eine Druckdifferenz zum Außenmilieu aufgebaut wird. Unter Prüfbedingungen wird die Luftmenge gemessen, die die Gebäudehülle durchdringt. Die Werte für n werden mit der Prüfdruckdifferenz indexiert. Zum Beispiel kennzeichnet n_{50} die Luftwechselzahl bei einer Druckdifferenz von **50 Pa**.

Dieser Wert entspricht einer simulierten äußeren Windgeschwindigkeit von **9 m/s** oder **5 Windstärken**.

Kleinere Luftleckstellen an Fenstern oder Türen lassen sich auch mit Ultraschall lokalisieren. Hierfür wird an dem zu überprüfenden Fenster ein Sender z. B. auf der Außenseite angebracht. Auf der Innenseite kann mit einem Empfänger das Ultraschallsignal wieder aufgefangen werden. Der Ultraschall gelangt durch Luftleckstellen im Anschlussbereich hindurch; der Mangel kann somit lokalisiert werden.

Überdruckphase

Bei gleichzeitigem Einsatz einer Nebelmaschine (siehe Kapitel 4.29) kann in der Überdruckphase anhand des außen austretenden Nebels nachvollzogen werden, an welchen Stellen Luftleckstellen vorhanden sind.

Praxistipp

Vor Beginn des Nebelmaschineneinsatzes sollte die örtliche Feuerwehr benachrichtigt werden, damit es nicht zu einem für den Anwender kostenpflichtigen Fehleinsatz kommt, wenn Anwohner sich durch den vermeintlichen Rauch beunruhigt fühlen.

Abb. 4.95: Messmikroskop mit Lichtquelle

Abb. 4.96: Rissbreitenmessung mit dem Messmikroskop

Unterdruckphase

Bei gleichzeitigem Einsatz einer Thermografiekamera (siehe Kapitel 4.33) lassen sich in der Unterdruckphase insbesondere im Winterhalbjahr die Undichtigkeiten in der Gebäudehülle anhand der nachströmenden Kaltluft darstellen.

Luftfeuchte

Messgeräte zur Ermittlung der Luftfeuchte werden in Kapitel 4.18 und Kapitel 4.32 beschrieben.

4.24 Mikroskope

Für verschiedene Untersuchungsverfahren in der Bauwerksdiagnostik werden unterschiedliche Mikroskope im Labor eingesetzt. Für die Anwendung der Mikroskopie sind zerstörende Materialprobenentnahmen erforderlich. Da die Tiefenschärfe bei der Mikroskopie mit zunehmendem Vergrößerungsfaktor abnimmt, müssen die Materialproben zu Präparaten mit einer optimal planebenen Oberfläche verarbeitet werden. In der Durchlichtmikroskopie müssen die Präparate als Dünnschliffe oder Dünnschnitte so aufbereitet werden, dass eine Transparenz entsteht. Bei der Auflichtmikroskopie werden die Präparate in der Regel in Gießharz eingebettet und an der Oberfläche angeschliffen. Für die Bauwerksdiagnostik vor Ort gibt es handliche Messmikroskope, die sich auf die zu beurteilende Oberfläche aufsetzen lassen und die anhand einer Skalierung eine Messung des Objektes ermöglichen (siehe Abb. 4.95 und 4.96).

4.25 Mikrowellenverfahren

Das Mikrowellenverfahren gehört ebenfalls zu den zerstörungsfreien hochfrequenten dielektrischen Messverfahren. Die hier zum Einsatz kommenden Frequenzen liegt zwischen 2 und 10 Gigahertz (GHz). Gemessen wird der Wasseranteil in dem zu überprüfenden Material. Konstruktiv handelt es sich bei den angebotenen und verwendeten Messköpfen der Mikrowellenmess-

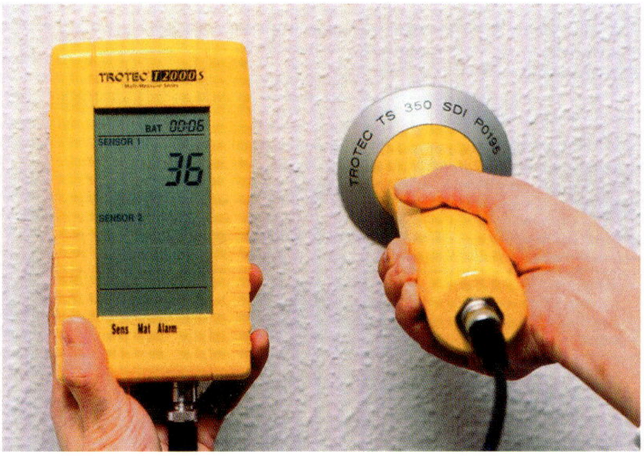

Abb. 4.97: Elektronisches Messgerät mit Mikrowellenmesssonde

geräte um Sende- und Empfangsantennen mit unterschiedlichen Antennenanordnungen, die wiederum die Eindringtiefe bestimmen. Je nach Bauart und Antennen können Eindringtiefen von 4 bis 70 cm erreicht werden. Das Messprinzip beruht darauf, dass das Basisgerät die Differenz zwischen eingestrahlter und reflektierter Frequenz ermittelt und in einem dimensionslosen Wert, in sog. Digits, anzeigt (siehe Abb. 4.97).

Im Gegensatz zu den niederfrequenten dielektrischen Messgeräten (Kugelkopf) (siehe Kapitel 4.8) sollte die Messung mit Mikrowellenmessgeräten immer in einem vorher festgelegten Raster erfolgen. Empfehlenswert ist ein Messraster von 20 cm. Wird die Messung mit unterschiedlichen Messköpfen wiederholt, entsteht dadurch ein repräsentatives Feuchteprofil über den Querschnitt des untersuchten Bauteils.

Zu erwähnen ist jedoch, dass jede Schichtgrenze ebenfalls eine Reflexion erzeugt und damit in das Messergebnis mit eingeht. Dies ist insbesondere bei mehrschichtigen Boden- und Wandkonstruktionen zu berücksichtigen. Das Material muss immer mindestens den Querschnitt aufweisen, dessen Eindringtiefe der Messkopf besitzt.

Das Mikrowellenverfahren eignet sich auch hervorragend zur Ortung von Metallen; Versalzungen dagegen beeinflussen das Messergebnis nicht.

Praxistipp

Beim Einsatz der Mikrowellenmessgeräte empfiehlt es sich, stets eine Rastermessung an der zu untersuchenden Fläche durchzuführen. Das Messraster sollte zwischen 20 und 50 cm liegen, je nach Größe der Fläche. Wird zusätzlich mit mindestens 2 unterschiedlichen Messköpfen gemessen, ergibt sich ein Tiefenprofil, das eine relativ gute Interpretation der Messergebnisse zulässt.

Eckdaten

Messverfahren/Messgerät	T 600, T 2000 E, T 2000 S; Moist 100 und 200
Messsonde	TS 350 SDI; Messköpfe Moist-D, Moist-R1, Moist-R2, Moist-S
physikalische Grundlage	dielektrisches Messprinzip
obligatorische Anwendung	qualitative Bestimmung der Feuchteverteilung in Baustoffen und Bauteilen
optionale Anwendung	keine Angaben
Messbereich	0 bis 200 Digits; 0 bis 4.000 Digits
Auflösung	0,1 Digits
Gerätetoleranz	keine Angaben
Verfahrenstoleranz	keine Angaben
Kalibrierintervall	nicht möglich

4.26 Neutronensonde

Das Neutronensondenverfahren ist ein zerstörungsfreies Verfahren zur Feststellung von Durchfeuchtungen in mehrschichtigen Bauteilquerschnitten, bei denen die dielektrischen Verfahren sich nicht anwenden lassen. Es wird überwiegend bei großflächigen Untersuchungen von Fußboden- und Flachdachdurchfeuchtungen angewendet.

Die Neutronensonde – nach dem Hersteller auch als Troxlersonde bezeichnet – enthält einen radioaktiven Kern, der permanent schnelle Neutronen mit hoher kinetischer Energie in das zu untersuchende Bauteil einstrahlt. Beim Auftreffen der Neutronen auf Wasserstoffmoleküle geben sie einen Teil ihrer Energie ab und werden thermisch abgebremst. Vergleichbar ist dies mit dem Zusammenstoß zweier Billardkugeln. Hierbei kommt es zu einer Rückstreuung der Neutronen, die von 2 Zählrohren aufgenommen werden. Je mehr Feuchte sich in dem zu untersuchenden Baustoff befindet, desto mehr Rückstreuungen gibt es; der Messwert steigt an. Abb. 4.98 zeigt das Funktionsprinzip einer Neutronensonde.

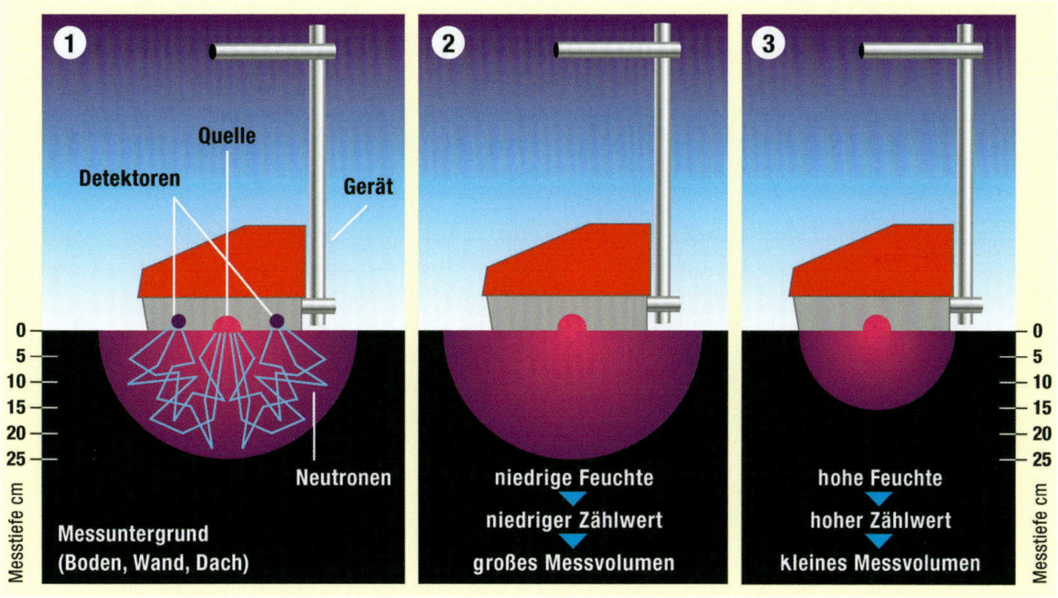

Abb. 4.98: Funktionsprinzip und Arbeitsweise einer Neutronensonde (Quelle: Firma Trotec GmbH & Co. KG, Heinsberg)

Zu beachten ist, dass der Anwender aufgrund der Radioaktivität bestimmte Auflagen erfüllen muss. So werden eine von der Landesmittelbehörde des Bundeslandes ausgestellte Transport- und Umgangsgenehmigung und eine ADR-Bescheinigung (Accord européen relatif au transport international des marchandises Dangereuses par Route, auf Deutsch Europäisches Übereinkommen über die Beförderung gefährlicher Güter auf der Straße) inkl. Aufbaukurs 7 für radioaktive Stoffe benötigt. Des Weiteren muss der Anwenderbetrieb zwingend über einen Gefahrgutbeauftragten und einen Strahlenschutzbeauftragten verfügen. Lehrgänge hierfür werden von privaten und öffentlichen Ausbildungszentren und Fahrschulen angeboten. Nützliche Informationen zur Beantragung der Genehmigungen finden Interessierte unter http://www.troxler.de.

Der Vorteil der Neutronensonde liegt darin, dass sie sich unabhängig von der Bauteildicke bis zu einer Tiefe von 30 cm einsetzen lässt. Nachteilig ist, dass nicht angezeigt wird, in welcher Tiefe die Feuchte lokalisiert wurde.

Praxistipp

Die Neutronensonde kann aufgrund des verwendeten Nuklits Americium-241/Beryllium (Am241-Be) nicht durch Luft hindurch messen. Aufgrund der geringen Energie der Neutronen kommt es nicht zu der thermischen Reaktion zwischen den schnellen Neutronen und dem Wasser und somit auch zu keiner Rückstreuung. Wasser kann erst gemessen werden, wenn es von einem Baustoff aufgenommen wurde. Somit benötigt die Sonde immer einen direkten Kontakt zum Baustoff. Die Feuchteverteilung in der Dämmung in einer Holzbalkenkonstruktion oder in einem Kaltdach kann deshalb nicht ermittelt werden. In diesen beiden Fällen könnte lediglich die Feuchteverteilung in der Lattung bestimmt werden. Auch lässt sich mit der Neutronensonde kein stehendes (freies) Wasser detektieren.

Es besteht das Risiko eines falschen Negativbefundes. Durch Unkenntnis über diese beiden Effekte sind bereits viele Fehlinterpretationen beim Einsatz der Neutronensonde erfolgt.

Auch bei dem Einsatz der Neutronensonde ist eine Rastermessung empfehlenswert. Das Raster sollte zwischen 2 und 3 m liegen. Im Einzelfall kann auch ein kleineres Messraster gewählt werden. Da es sich bei der Messung mit der Neutronensonde ebenfalls lediglich um eine qualitative Messung handelt, sollte der zu untersuchende Aufbau nach der Messung an mindestens einer Stelle geöffnet werden. Das Material und ggf. der Aufbau sind zu untersuchen, damit die ermittelten Messwerte interpretiert werden können.

Eckdaten

Messverfahren/Messgerät	Troxlersonde 3216
Messsonde	Am241-Be
physikalische Grundlage	Neutronenrückstreuverfahren
obligatorische Anwendung	Bestimmung der Feuchteverteilung in Baustoffen und Bauteilen
optionale Anwendung	keine Angaben
Messbereich	0 bis 140 Digits
Auflösung	1,0 Digits
Gerätetoleranz	keine Angaben
Verfahrenstoleranz	keine Angaben
Kalibrierintervall	jährliche Dichtigkeitsprüfung erforderlich inkl. Kalibrierung

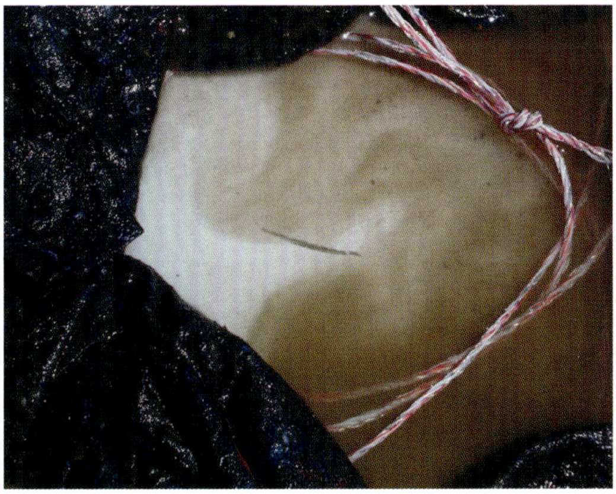

Abb. 4.99: Gefundene Leckstelle in einer Folienabdichtung mit kleiner Ringleitung zum Neutralisieren der Stelle

Abb. 4.100: Potenzialdifferenzmessung auf einem extensiven Gründach (Quelle: Firma Strobl Schadenmanagement GmbH, Holzkirchen)

4.27 Potenzialdifferenzmessung

Die Potenzialdifferenzmessung, auch Elektroimpulsverfahren, ist ein Verfahren zur elektrischen Messung von Spannungsspitzen und nutzt die stromleitende Wirkung von Wasser zur Lokalisierung von Undichtigkeiten in Abdichtungsebenen.

Beispielsweise wird beim Einsatz auf einem Flachdach eine Ringleitung am Rand der Attika verlegt, die den Minuspol bildet. Die Ringleitung besteht aus einem 2,5-mm-Weidezaundraht mit 3 bis 5 Adern aus Edelstahl. Den Gegenpol (Pluspol) bildet die Hauserdung oder ein Kontakt an der Unterseite der Abdichtung. Beide Pole werden mit dem Impulsgenerator verbunden. Dieser liefert einen Stromimpuls an den Pluspol. Der Impuls sucht sich seinen Weg über das Wasser in Richtung der Ringleitung, des Minuspols. Um die Leckagestelle herum entsteht ein Potenzialgefälle, das mit dem Empfänger lagegenau geortet werden kann. Nachdem die erste Leckstelle gefunden ist, wird diese neutralisiert, indem um das Leck herum eine weitere, kleine Ringleitung gelegt wird, die mit der großen Ringleitung verbunden wird (siehe Abb. 4.99). Die kleine Ringleitung schirmt die gefundene Leckagestelle ab, da der aus der Leckagestelle austretende Spannungsimpuls an die äußere Ringleitung abgeleitet wird. Das Verfahren kann bei Warmdächern mit und ohne Auflast, bei Umkehrdächern und auch bei begrünten Dächern (siehe Abb. 4.100) angewendet werden.

Erfahrene Messtechniker können mit diesem Verfahren auch Abdichtungen unter Fliesenbelägen, Schwimmbäder, Pools oder Teiche überprüfen.

Praxistipp

Blitzableiter oder Blechverwehrungen an der Attika können unter Verwendung der Hauserdung als Gegenpol zu Fehlmessungen führen. In solchen Fällen empfiehlt es sich, den Pluspol an die Wasseraustrittsstelle anzulegen. Dort wird z. B. ein Nagel an der Stelle eingeschlagen, an der das Wasser austritt. Anschließend wird diese Stelle mit dem Pluskontakt am Impulsgenerator verbunden. Auch in diesem Fall bildet die Ringleitung auf der Abdichtungsebene den Minuspol. Eine weitere Möglichkeit besteht darin, von oben in der Abdichtungsbahn eine Öffnung zu schaffen und den Gegenpol direkt von der Unterseite der Abdichtungsbahn abzugreifen.

Eckdaten

Messverfahren/Messgerät	Elektroimpulsverfahren
Messsonde	keine Angaben
physikalische Grundlage	Potenzialdifferenzmessung
obligatorische Anwendung	Überprüfung von Flachdachabdichtungen
optionale Anwendung	Dichtigkeitskontrolle bei Deponien, Schwimmbädern, Außenabdichtungen
Messbereich	keine Angaben
Auflösung	keine Angaben
Gerätetoleranz	keine Angaben
Verfahrenstoleranz	keine Angaben
Kalibrierintervall	nicht erforderlich

4.28 Radarverfahren

Das Radarverfahren basiert auf der Ausbreitung elektromagnetischer Wellen in den Boden oder in Bauteilen. Die aktive Aussendung erfolgt in der Regel in der Form von Impulsen mit Frequenzen von 200 MHz bis 2,6 GHz über eine auf der Oberfläche platzierte Sende- und Empfangseinheit. Diese Radarantenne wird manuell oder mit einer Hilfskonstruktion am Bauwerk oder Boden entlanggeführt. Mithilfe eines Laufrades erfolgt eine örtliche Zuordnung der Daten zum Messprofil. Die Eindringtiefe der elektromagnetischen Welle ist abhängig von der Höhe der Leitfähigkeit des Materials. Gelöste Salze bewirken z. B. eine hohe Absorption und eine starke Reduzierung der Eindringtiefe. Ein weiterer Einflussfaktor ist die Signalstreuung durch Inhomogenitäten wie Materialwechsel und Hohlräume. Die Auflösung der Radargramme und die Eindringtiefe sind abhängig von der Frequenz der Antenne. So haben beispielsweise hochfrequente Antennen (1,5 bis 2,6 GHz) eine relativ geringe Eindringtiefe von wenigen Zentimetern, aber eine sehr

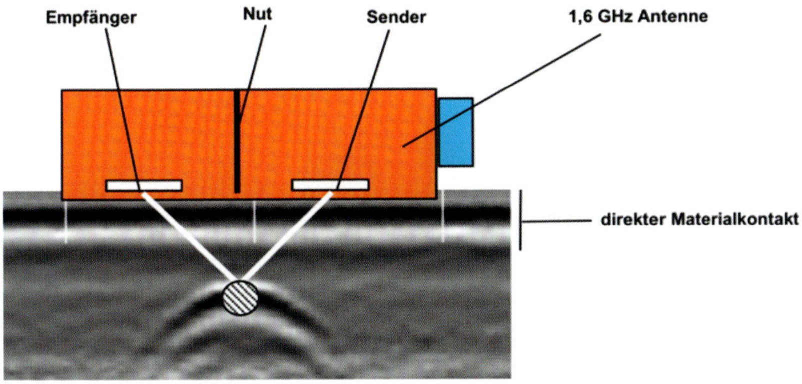

Abb. 4.101: Funktionsprinzip Radarverfahren (Quelle: Firma Geophysical Survey Systems, Inc. [GSSI], Nashua, USA)

hohe Auflösung. Niederfrequente Antennen (200 bis 500 MHz) dagegen dringen mehrere Meter in den Boden ein, haben dafür aber eine sehr grobe Auflösung. Abb. 4.101 veranschaulicht das Funktionsprinzip des Radarverfahrens.

Die Auswertung der Radardaten erfolgt zunächst rechnerisch als Radargramme. Hierzu wird die Radarantenne berührend über das zu untersuchende Bauwerk geführt. Die dabei in dichter Folge gesendeten und empfangenen Radarsignale ergeben abhängig von ihren Laufzeiten Signale, die in einem grauen oder farbigen Diagramm dargestellt werden. Die georteten Objekte werden überwiegend in Hyperbelform dargestellt. Es bedarf sehr viel Erfahrung, solche Radargramme richtig zu interpretieren.

In der Bauwerksdiagnostik wird das Radarverfahren überwiegend bei der Mauerwerkinspektion und Bewehrungsortung zur Lokalisierung unterschiedlicher Materialschichten sowie von Bewehrungslagen, Leitungen und Hohlräumen eingesetzt.

Eckdaten

Messverfahren/Messgerät	Bauwerksradar
Messsonde	Antennen
physikalische Grundlage	elektromagnetische Wellen
obligatorische Anwendung	Tiefenuntersuchung
optionale Anwendung	keine Angaben
Messbereich	200 MHz bis 2,6 GHz
Auflösung	abhängig von der Frequenz
Gerätetoleranz	keine Angaben
Verfahrenstoleranz	keine Angaben
Kalibrierintervall	nur über den Hersteller

Abb. 4.102: Rauch entweicht aus einer Leckstelle auf einem bekiesten Flachdach.

4.29 Rauchgasverfahren

Das Rauchgasverfahren dient der zerstörungsarmen Leckortung. Hierzu wird ein Rauch-Luft-Gemisch in Hohlräume unterhalb der zu untersuchenden Schicht geblasen. Die Grundausrüstung des Geräteeinsatzes besteht aus folgenden Teilen:

- einer Nebelmaschine (siehe Abb. 4.103,
- Schläuchen,
- Flachdachstutzen und
- Rauchpatronen.

In die Abdichtungsbahn wird ein Flachdachstutzen gesetzt und über Schläuche mit dem Edelstahlbehälter und dem Verdichter verbunden. Der Seitenkanalverdichter erzeugt durch ein Luftpolster einen Hohlraum zwischen Dämmmaterial und Abdichtung, in dem sich das Rauch-Luft-Gemisch verteilen kann. An der Leckstelle entweicht der weiße Rauch sichtbar, sodass die beschädigte Stelle identifiziert werden kann (siehe Abb. 4.102).

Mit diesem Verfahren lässt sich nicht nur die Abdichtungsebene überprüfen, sondern auch die Anschlüsse an aufgehende Bauteile und Dacheinläufe. Vereinzelt wird es auch zur Überprüfung von getrennten Abwassersystemen eingesetzt. Anstatt der Rauchpatronen werden heute auch leistungsfähige Nebelmaschinen verwendet (siehe Abb. 4.103 bis 4.106). Innerhalb der Geräte befinden sich ein Fluidtank, eine Pumpe und ein Verdampfer. Das bei diesem Verfahren eingesetzte Fluid auf Glykolbasis wird von der Pumpe aus dem Tank über den Verdampfer gefördert und kondensiert beim Austritt aus der Nebeldüse an der Luft zu Kunstnebel.

Abb. 4.103 bis 4.106: Einsatz einer Nebelmaschine zur Leckageortung an einem Flachdach mit einer Folienabdichtung. Die Abdichtungsbahn muss lokal geöffnet werden, um den Anschlussstutzen bis in die Dämmebene unterhalb der Dachabdichtung einführen zu können. Der Rauchgasschlauch wird an den Stutzen angeschlossen und die Nebelmaschine wird in Betrieb genommen. Nach kurzer Wartezeit tritt der Theaternebel über die Abdichtungslücken sichtbar hervor.

Praxistipp

Vor Beginn des Rauchgas- oder Nebelmaschineneinsatzes sollte die örtliche Feuerwehr benachrichtigt werden, damit es nicht zu einem für den Anwender kostenpflichtigen Fehleinsatz kommt, wenn Anwohner sich durch den vermeintlichen Rauch beunruhigt fühlen.

Neben der Rauchgasanalyse, die der Leckortung dient, können mit Theaternebel im Inneren von Gebäuden Zugerscheinungen infolge von Leckstellen innerhalb der Funktionsebene Luftdichtheitsschicht sichtbar (und damit fotografisch dokumentierbar) gemacht werden. Gut geeignet für den wechselnden Einsatz in mehreren Räumen eines Gebäudes sind Kleinnebel-

Abb. 4.107: Kleinnebelmaschine Look solutions Tiny CX

maschinen (siehe Abb. 4.107), die mit Akku unabhängig vom Stromnetz betrieben werden und daher eine optimale Mobilität gewährleisten. Kleinnebelmaschinen funktionieren nach dem gleichen Prinzip wie größere Nebelmaschinen.

Praxistipp

Wenn zum Zeitpunkt der Untersuchung Windstille herrscht und keine Differenzdruckmesseinrichtung zur Erzeugung eines künstlichen Unterdrucks zur Verfügung steht, kann unter Umständen die Einschaltung einer Küchenablufthaube und/oder von Einzelraumlüftern bereits ausreichen, damit das Nachströmen von Außenluft angeregt wird und die maßgeblichen Luftleckstellen identifiziert werden.

Eckdaten

Messverfahren/Messgerät	Rauchgasverfahren
Messsonde	Rauchpatrone, Nebelmaschine
physikalische Grundlage	keine Angaben
obligatorische Anwendung	Überprüfung von Flachdachabdichtungen
optionale Anwendung	Dichtigkeitsprüfung bei Rohren, Behältern; Differenzdruckmessverfahren
Messbereich	keine Angaben
Auflösung	keine Angaben
Gerätetoleranz	keine Angaben
Verfahrenstoleranz	keine Angaben
Kalibrierintervall	nicht erforderlich

Abb. 4.108: Rohrkamera (Quelle: Firma Ridge Tool GmbH & Co. oHG, Gevelsberg)

Abb. 4.109: Einsatz der Rohrkamera zur Inspektion eines Bodeneinlaufes (Quelle: Firma Ridge Tool GmbH & Co. oHG, Gevelsberg)

4.30 Rohrkamera

Rohrkameras oder Videokanalkameras (siehe Abb. 4.108) werden zur Inspektion von erdverlegten und nicht begehbaren Rohrleitungen eingesetzt (siehe Abb. 4.109). Rohrkameras sind hinsichtlich ihrer Funktionsweise größere Videoskope. Der Videokopf sitzt auf einer flexiblen sog. Rotte, einem biegsamen Stab, der in der Regel aus Fiberglas besteht. Für sehr große Rohrdurchmesser werden die Kameras auf speziellen Rollwagen montiert.

4.31 Spraybar

Die Überprüfung der Schlagregendichtheit von Fenstern und Vorhangfassaden kann im genormten Prüfstand erfolgen oder nach DIN EN 13051 „Vorhangfassaden – Schlagregendichtheit – Feldversuch" (2001) mit einer sog. Spraybar (siehe Abb. 4.110 bis 4.117):

„*1 Anwendungsbereich*

Diese Norm legt das Verfahren fest, das zum Überprüfen von allen Stellen anzuwenden ist, an denen Wasser eindringt, was bei Vorhangfassaden, die an einem Gebäude eingebaut sind, vorkommen kann.

Bei der Prüfung handelt es sich um eine optionale Prüfung, die nicht für Klassifizierungszwecke gefordert wird. Sie ist hauptsächlich für Anwendungen vorgesehen, wo bereits Undichtigkeiten aufgetreten sind.

Falls festgelegt, kann sie auch bei neuen Einbauten angewendet werden.

In der Norm wird beschrieben, wie ein Bereich der an einem Gebäude eingebauten Vorhangfassade auf dessen Außenfläche einem kontinuierlichen Wasserfilm ausgesetzt werden muss.

Fenster, Türen und Tore, die in die Vorhangfassade eingebaut sind, können auf gleiche Weise geprüft werden.

Diese Norm gilt für jede Vorhangfassade, wie in prEN 13830 festgelegt.

ANMERKUNG Alternativ kann hinsichtlich der Schlagregendichtheit von bereits in ein Gebäude eingebauten Vorhangfassaden eine tiefergehende Prüfung durchgeführt werden (siehe Anhang B).

(...)

4 Kurzbeschreibung

Für eine vorgegebene Zeitdauer wird eine konstante und festgelegte Wassermenge als kontinuierlicher Film auf einen Außenflächenbereich einer an einem Gebäude eingebauten Vorhangfassade aufgebracht, während gleichzeitig die Wasserundichtigkeit überprüft wird.

5 Prüfgerät

5.1 Ein Wassersprühbalken mit Düsen, die im Abstand von nicht mehr als 400 mm angeordnet und bezüglich des Bereiches der Vorhangfassade in der richtigen Stellung abgestützt sind.

5.2 Eine einstellbare Wassersprüheinrichtung mit einem Arbeitsdruckbereich von 2 bar bis 3 bar, damit auf die Außenseite des Prüfkörpers ein konstanter und durchgehender Wasserfilm aufgebracht werden kann.

5.3 Messeinrichtung zur Messung der Gesamtmenge an zugeführtem Wasser, mit einer Messunsicherheit von 10 %.

5.4 Die Nutzung der örtlichen Wasserversorgung ist unter der Voraussetzung zulässig, dass das Wasser sauber genug ist, damit die Sprühdüsen im Verlauf der Prüfung einwandfrei funktionieren.

(...)

7 Vorbereitung der Prüfung

Es muss ausreichend Zeit vor der Prüfung zur Verfügung stehen, um sicherzustellen, dass alle Dichtungsmittel einen angemessenen Aushärtungszustand erreichen.

Falls erforderlich, sind Innenanstriche, Deckenfliesen, Bodenfliesen und bauliche Nebeneinrichtungen zu entfernen, damit im Verlauf der Prüfung ausreichende Möglichkeiten zur Überprüfung der Innenfläche der Vorhangfassade vorhanden sind.

Die Wassersprüheinrichtung ist so aufzubauen, dass sich die Düsen 250 mm von der Außenfläche der Vorhangfassade entfernt und auf gleicher Höhe mit der zu prüfenden Oberfläche befinden.

Der Wassersprühbalken ist so auszurichten, dass die Achsen der von den Düsen ausgehenden Wassersprühschleier waagerecht sind.

Die Reihenfolge, in der unterschiedliche Bereiche geprüft werden, muss sich von Bodenhöhe in Richtung des oberen Gebäudeteils erstrecken.

8 Prüfverfahren

8.1 Die Wasserversorgung ist anzustellen und so einzustellen, dass für die Dauer von 30 min eine konstante Durchflussmenge entsprechend 5 l/min je

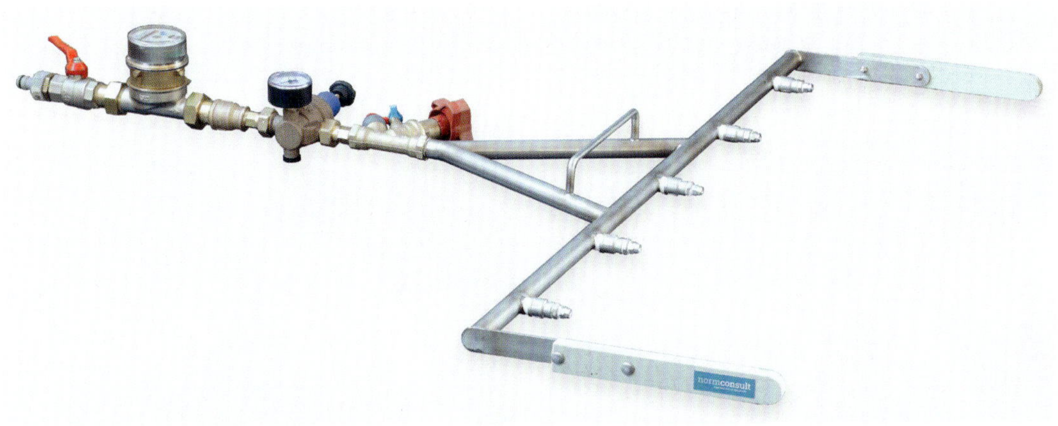

Abb. 4.110: Spraybar erhältlich bei BlowerDoor mit 5 Düsen auf einer Sprühbreite von 1 m. Die Spraybar ist erweiterbar um 2 bis 5 Düsen und arbeitet mit einem Druck von 2 bis 3 bar. Die Durchflussmenge beträgt 5 l/min. Erforderlich ist ein ¾"-Wasseranschluss. (Quelle: Firma BlowerDoor GmbH, Springe-Eldagsen)

Abb. 4.111 und 4.112: Einsatz der Spraybar vom Hubwagen aus zur Überprüfung der Schlagregensicherheit einer Fassade

Meter Länge des Wassersprühbalkens mit Grenzabweichungen von ± 10% zugeführt wird.

8.2 Die Innenseite der Vorhangfassade ist zu überprüfen, die Stellen des Wasserdurchtrittes sind zu markieren und die Zeit des Wasserdurchtrittes nach Beginn der Besprühung ist aufzuzeichnen.

8.3 Nach Abschluss der Prüfung ist die Überprüfung hinsichtlich Wasserundichtigkeit für weitere 30 min fortzusetzen.

8.4 Wird Wasserundichtigkeit bemerkt, sind die Verfahren in Anhang A durchzuführen."

Abb. 4.113 und 4.114: Sprühdüsen der Spraybar

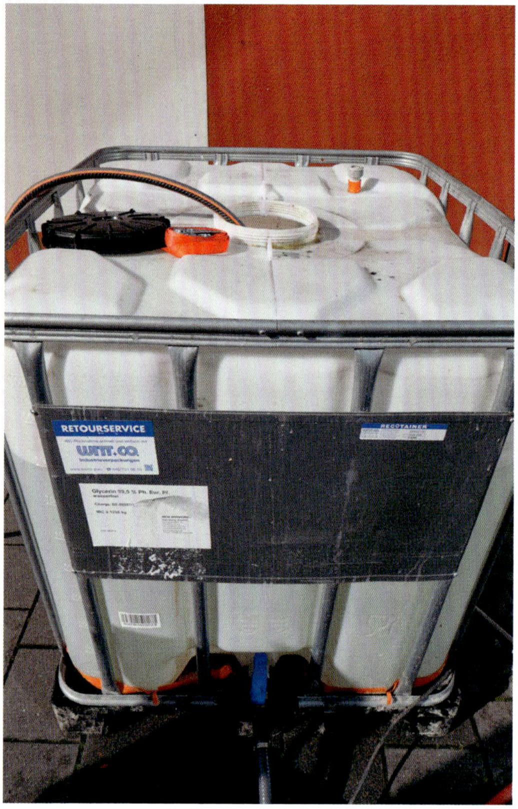

Abb. 4.115: Wassertank für die Versorgung der Spraybar

Abb. 4.116: Druckpumpe mit Wasseranschluss für die Versorgung der Spraybar aus einem Wassertank

Abb. 4.117: Einsatz einer in der Länge modifizierten Spraybar vom Hubwagen aus. Das von der Fassade ablaufende überschüssige Wasser muss am Wandfuß aufgefangen und abgeleitet werden.

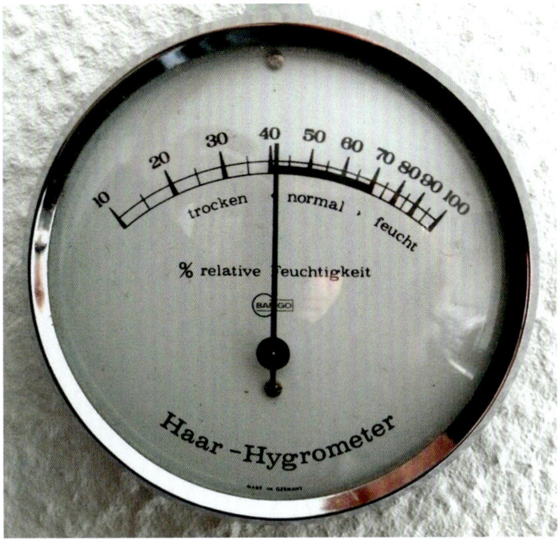

Abb. 4.118: Mechanisches Haarhygrometer. Die Erhöhung der relativen Luftfeuchte in der Umgebung führt zu einer Dilatation eines im Gerät eingespannten Menschenhaares, das mit dem Zeiger gekoppelt ist. Dieser zeigt einen Anstieg der relativen Luftfeuchte auf der Skala an. Die Zusatzangaben „trocken, normal, feucht" können allerdings zu Missverständnissen bei den Anwendern führen, da eine relative Luftfeuchte von 70 % in bewohnten Räumen im Winterhalbjahr nicht mehr als normal zu bewerten ist.

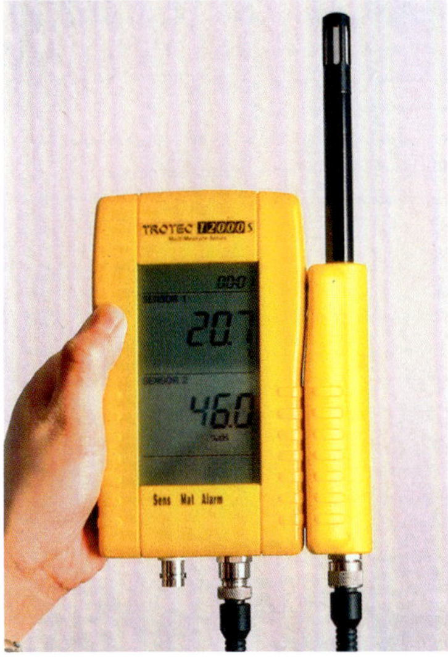

Abb. 4.119: Elektronisches Messgerät mit Klimamesssonde

4.32 Temperatur- und Luftfeuchtemessung

Klimadaten werden bei einer Vielzahl von bauphysikalischen Untersuchungen ermittelt. Unterschieden wird zwischen stationärer und instationärer Messung der Temperatur und der relativen Luftfeuchte. Bei der stationären Messung wird die Messung zu einem bestimmten Zeitpunkt durchgeführt und zeigt eine Momentaufnahme der zu beurteilenden Umgebungsbedingungen an. Zum Einsatz kommen Thermometer, Hygrometer oder Kombinationen als Thermohygrometer. Unterschieden wird zwischen mechanisch-physikalischen Messgeräten (siehe Abb. 4.118), die keine eigene Stromquelle benötigen, und elektronischen Messgeräten (siehe Abb. 4.119). In der Regel kommen elektronische Messgeräte mit geeigneten Messsonden für die Lufttemperatur und für die relative Luftfeuchte zum Einsatz.

Bei der instationären Messung wird der Verlauf des Klimas über einen definierten Zeitraum gemessen. Hierzu werden elektronische Datenlogger oder Thermohygrographen mit Papierstreifenschreiber verwendet.

Die meisten dieser Messgeräte zeigen neben Temperatur und Luftfeuchte zusätzlich den Taupunkt und die absolute Wassermenge der Luft in g/m^3 an.

Abb. 4.120: Schimmelpilzbefall auf der Rückseite der Raufasertapete und auf der Oberfläche des inneren Wandputzes einer Außenwandecke

Praxistipp

Die Messgeräte sollten immer der Umgebungstemperatur angepasst werden. Wenn sich das Gerät z. B. in dem kalten Kofferraum eines Fahrzeugs befand, kann es bis zu 30 Minuten dauern, bis das Messgerät den richtigen Messwert anzeigt. Bei längeren Anfahrtswegen sollte das Gerät bereits bei der Anfahrt im warmen Fahrzeuginneren aufbewahrt werden. Andernfalls sollte der Gerätekoffer unmittelbar bei dem Eintreffen in der Wohnung geöffnet werden, damit sich das Gerät akklimatisieren kann. Die Bedienungsanleitung gibt Aufschluss darüber, unter welchen Betriebsbedingungen die Messgeräte einwandfrei arbeiten. Grundsätzlich schadet Kondensat immer der Elektronik der Geräte.

Temperaturmessung an der Oberfläche

Messungen der Oberflächentemperaturen dienen dem Nachweis der klimatischen Randbedingungen, unter denen ein festgestellter Schimmelpilzbefall oder ein Tauwasserausfall an bestimmten Bauteiloberflächen eintreten konnten. Ein Schimmelpilzrisiko besteht bei einer relativen Luftfeuchte an der Bauteiloberfläche ab 80 % (siehe Abb. 4.120). Ein Tauwasserausfall tritt bei einer relativen Luftfeuchte an der Bauteiloberfläche von 100 % auf.

Zur Bestimmung der Oberflächentemperatur können berührungslose und Kontaktmessverfahren eingesetzt werden.

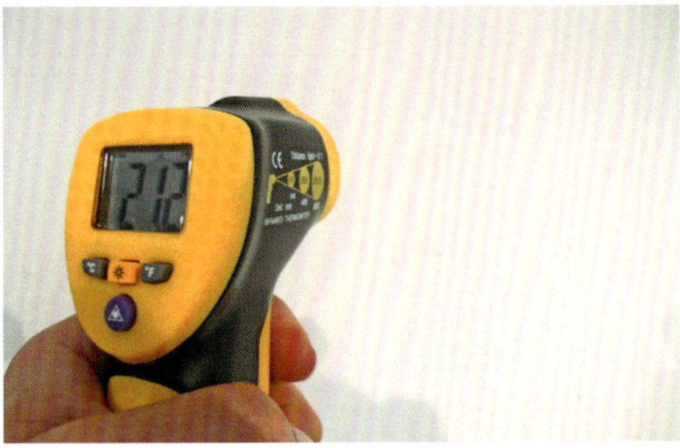

Abb. 4.121: Berührungslose Messung der Wandoberflächentemperatur mit dem Infrarotthermometer (Pyrometer)

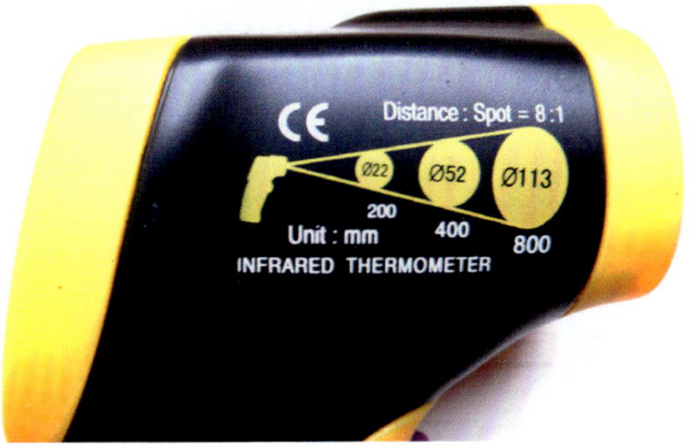

Abb. 4.122: Darstellung der Durchmesser des Messbereichs, abhängig von dem Abstand zur Messfläche

Pyrometer

Zu den berührungslosen Verfahren zählen Pyrometer (siehe Abb. 4.121 und 4.122), die die Infrarotstrahlung (siehe Kapitel 4.33) des zu prüfenden Objektes messen.

Je nach Gerät befinden sich in dem Pyrometer unterschiedliche Objektive, die den Durchmesser des Messfleckes festlegen, der nicht mit dem vom Gerät angezeigten Laserpoint übereinstimmt. Hochwertige Geräte sind im Gegensatz zu preiswerten Pyrometern in der Regel mit 2 oder mehr Laserpunkten ausgestattet. Die Gehäuse einiger Geräte enthalten Angaben darüber, welche Optik bzw. welches Verhältnis zwischen dem Messfleckdurchmesser und der Entfernung zum Objekt besteht. Die gängigsten Verhältnisse sind:

- 8 : 1,
- 12 : 1,
- 30 : 1,
- 50 : 1.

Je größer die Verhältniszahl ist, desto kleiner ist der Messfleck oder desto weiter kann sich der Untersuchende vom Messobjekt entfernen, ohne ungenaue Ergebnisse zu erzielen. Die heutigen Pyrometer besitzen teilweise 2 oder mehr Laserpunkte, die den Messfleckdurchmesser andeuten sollen. Hochpreisige Pyrometer projizieren auch einen Kreis an die zu messende Stelle. Im Gegensatz dazu besitzen preiswerte Geräte lediglich einen Laserpunkt, der die Mitte des Messfleckes markiert.

Beispiel

Auf dem Gerät ist eine Verhältniszahl von 8 : 1 abgebildet. Befindet sich die zu messende Wand in einem Abstand von 240 cm zum Pyrometer, so wird dieser Abstand durch die Verhältniszahl 8 geteilt. Das Ergebnis ist ein Messfleck mit einem Durchmesser von 240 cm : 8 = 30 cm.

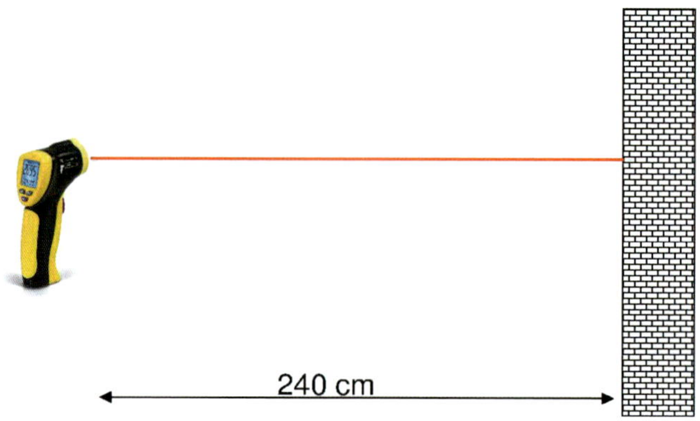

Abb. 4.123: Der Messabstand zwischen Wand und Pyrometer beträgt 240 cm.

In Tabelle 4.12 sind die Messfleckdurchmesser aus dem obigen Beispiel mit dem Abstand von 240 cm in Abhängigkeit von der verbauten Optik dargestellt.

Tabelle 4.12: Unterschiedliche Messfleckdurchmesser im Verhältnis zur verbauten Optik

Verhältnis	Messfleckdurchmesser (cm)
8 : 1	30
12 : 1	20
30 : 1	8
50 : 1	5

Das Ergebnis der Messung ist abhängig von dem Emissionswert der Bauteiloberfläche. Bei nahezu allen Pyrometern lässt sich heute der Emissionswert einstellen. Ferner lassen sich Alarmwerte für Maximum- und Minimumwerte programmieren. Manche Geräte ermöglichen das Abspeichern ganzer Messreihen.

Abb. 4.124 und 4.125: Messung der raumseitigen Wandoberflächentemperatur mit dem Kontaktthermometer in einer Zone mit Schimmelpilzbefall; links auf der Oberfläche der Raufasertapete, rechts auf der Mauerwerksoberfläche, die hinter einer 10 mm dicken Innendämmung aus Polystyrol liegt

Kontaktthermometer

Eine andere Möglichkeit, Oberflächentemperaturen zu messen, bieten Kontaktthermometer mit unterschiedlichen Sensoren für unterschiedliche Materialien. Die Bandbreite der messbaren Stoffe reicht von festen Materialien und Flüssigkeiten über lose Schüttungen bis hin zu Lebensmitteln. Jeder Sensor ist individuell und selten universell für alle Einsatzbereiche/ -materialien einsetzbar.

In der Regel werden für die Temperaturmessung Pt100-Sensoren eingesetzt. Dabei handelt es sich um Widerstandsthermometer, sog. Kaltleiter (Positive Temperature Coefficient, PTC), die auf Widerstandsänderungen von Platin unter Temperatureinfluss reagieren.

Zur Temperaturmessung im Bereich von –200 bis +850 °C werden häufig die elektrischen Widerstandsänderungen eines Platindrahtes oder einer Platinschicht genutzt. Pt100 bedeutet, dass der Nennwiderstand des Platintemperatursensors R_0 bei einer Temperatur von 0 °C 100 Ω beträgt. Die Widerstandsänderungen sind in der DIN EN IEC 60751 „Industrielle Platin-Widerstandsthermometer und Platin-Temperatursensoren" (2023) festgelegt. Durch diese Standardisierung des Nennwiderstandes und der Widerstandsänderung lassen sich Temperaturfühler leicht austauschen, ohne dass während einer Messung neu kalibriert werden muss. Pt100-Thermometer sind genauer als z. B. Thermoelemente.

Kontaktthermometer müssen immer auf die zu messende Oberfläche aufgelegt oder in das zu messende Gut gesteckt werden und zeigen in kürzester Zeit die exakte Temperatur an (siehe Abb. 4.124 und 4.125).

Abb. 4.126: Messung der Oberflächentemperatur der Verglasung mit dem Kontaktthermometer

Abb. 4.127: Gleichzeitige Messung der relativen Luftfeuchte, der Raumlufttemperatur und der Bauteiloberflächentemperatur; Anzeige des Differenzwertes zwischen der Taupunkttemperatur und der tatsächlichen Bauteiloberflächentemperatur

Bei Oberflächentemperaturmessungen auf Glas oder auf metallischen glänzenden Bauteilen führt die Messung mit dem Pyrometer nicht zu verwertbaren Ergebnissen. Hier kommt nur die Messung mit dem Kontaktthermometer in Betracht (siehe Abb. 4.126).

Einige Geräte ermöglichen die gleichzeitige Messung der Raumlufttemperatur, der relativen Raumluftfeuchte und der Oberflächenfeuchte (siehe Abb. 4.127). Hierbei lassen sich die spezifische Taupunkttemperatur (die einer relativen Luftfeuchte an der Bauteiloberfläche von 100 % entspricht) und die Differenz zwischen der Taupunkttemperatur und der tatsächlichen gemessenen Oberflächentemperatur anzeigen. Je größer die Differenz ist, desto geringer ist das Tauwasserrisiko.

Eckdaten

Messverfahren/Messgerät	Temperaturmessung
Messsonde	Kontaktthermometer oder Pyrometer
physikalische Grundlage	Pt-Sensoren, IR-Messung
obligatorische Anwendung	Messung der Temperatur
optionale Anwendung	keine Angaben
Messbereich	–40 bis +1.500 °C
Auflösung	0,1
Gerätetoleranz	0,1 °C/0,1 %
Verfahrenstoleranz	keine Angaben
Kalibrierintervall	keine Vorgaben der Hersteller

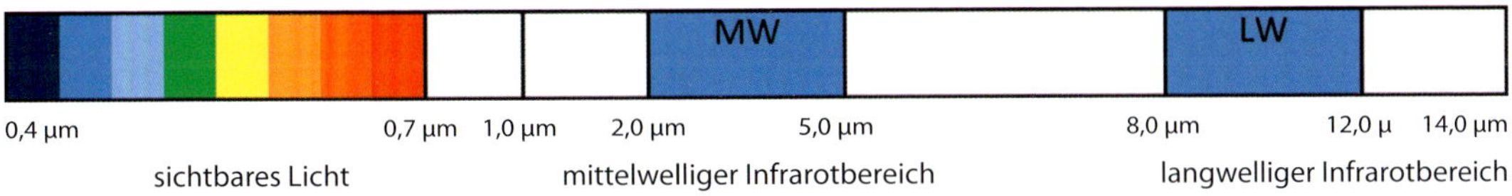

Abb. 4.128: Wellenlängenstrahl

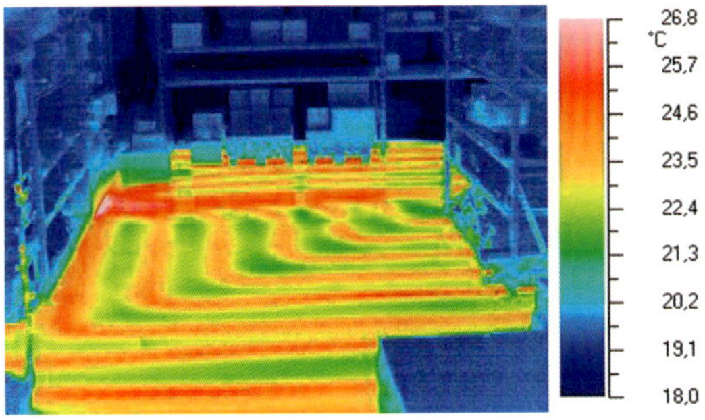

Abb. 4.129: Thermogramm einer Betonkernaktivierung im Betrieb

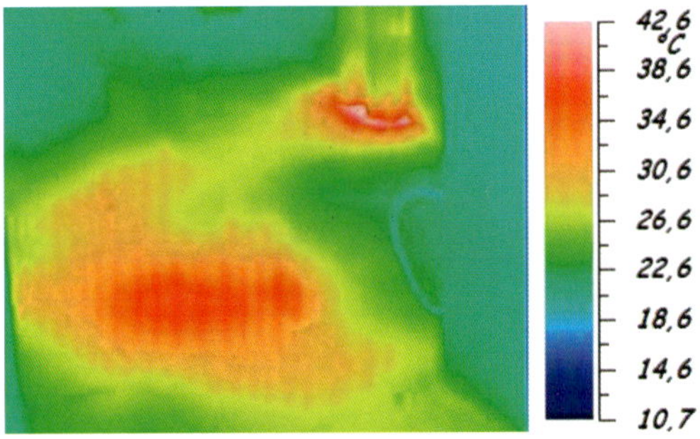

Abb. 4.130: Leckstelle in einer Heizungsleitung unter dem Estrich

4.33 Thermografie

Die Thermografie oder auch Infrarotthermografie kann überall dort eingesetzt werden, wo Temperaturunterschiede sichtbar gemacht werden sollen. Der infrarote Bereich erstreckt sich zwischen 0,7 und 1.000 µm. Im Vergleich dazu deckt das sichtbare Licht den Bereich zwischen 0,4 und 0,7 µm ab und stellt damit ein sehr eingeschränktes Sichtfeld dar (siehe Abb. 4.128).

In der Bauthermografie, zu der die Leckortung ebenfalls zählt, werden sog. mittelwellige (Wellenlänge 2 bis 5 µm) und langwellige (Wellenlänge 8 bis 12 µm) Thermografiekameras verwendet. Seit dem Jahr 2000 überwiegen allerdings in der Bauthermografie die langwelligen Systeme. Dies hängt mit der Kühltechnik der Kameras zusammen. Die heutigen Mikrobolometerkameras lassen nur noch langwellige Systeme zu.

Grundsätzlich ist zu beachten, dass beim Einsatz von Thermografiekameras nur ein Temperaturunterschied an der nächstliegenden Oberfläche sichtbar gemacht werden kann (siehe Abb. 4.129). Wenn z. B. eine Fußbodenheizung thermografiert werden soll, muss der Estrich inkl. Oberbelag, der sich über den im Estrich befindlichen Heizschlangen befindet, erwärmt werden, bevor in der Thermografiekamera ein Bild der Fußbodenheizung zu sehen ist (siehe Abb. 4.130). Eine Aufnahme durch den Estrich hindurch ist nicht möglich. Je dicker z. B. der Fußbodenaufbau ist, desto schwieriger wird es, die Leitungen darunter zu orten.

Abb. 4.131: Bei der Herstellung einer Kernbohrung zur Probenentnahme wurde die Heizschlange der Fußbodenheizung angebohrt, obwohl ein Thermograf an dieser Stelle seine Freigabe erteilt hatte.

Praxistipp

Um eine Fußbodenheizung zu thermografieren, muss diese mindestens 12 Stunden vorher ausgeschaltet werden, damit Schäden an den Heizschlangen vermieden werden (siehe Abb. 4.131). Danach wird Kreislauf für Kreislauf hochgefahren. Zu beachten ist, dass es bei den meisten Systemen einen Vorlauf mit höherer Mediumtemperatur und einen Rücklauf mit geringerer Temperatur gibt.

Thermografiekameras werden in der Bauwerksdiagnostik aber nicht nur zur Ortung von Fußbodenheizungen eingesetzt, sondern auch bei Rohrbruchortungen im Haus und im Außenbereich zur Lokalisation von Wärmebrücken an Gebäuden sowie von Durchfeuchtungen von WDVS und Flachdachdämmschichten. Aber auch in der Industrie werden immer häufiger Thermografiekameras genutzt, z. B. zur Prüfung von Schaltschränken auf thermische Unregelmäßigkeiten.

Praxistipp

Bei der Gebäudethermografie muss darauf geachtet werden, dass die Nachtabsenkung der Heizung abgeschaltet ist, da nur ein gleichmäßig aufgeheiztes Haus eine zuverlässige Aussage ermöglicht. Grundsätzlich sollte die Gebäudethermografie immer von außen und von innen erfolgen. Dabei ist darauf zu achten, dass der Temperaturunterschied mindestens 15 K über einen Zeitraum von mindestens 12 Stunden betragen soll. Daher sind diese Untersuchungen am besten bei Außentemperaturen unterhalb von +5 °C möglich, wenn die Raumlufttemperatur 20 °C beträgt.

Da Gebäudethermografien in der Regel in den frühen Morgenstunden durchgeführt werden, sollten Eigentümer oder Mieter des Objektes die Nachbarschaft und ggf. den Wachdienst informieren, Hunde wegsperren und Alarmanlagen deaktivieren, damit Fehlalarme vermieden werden.

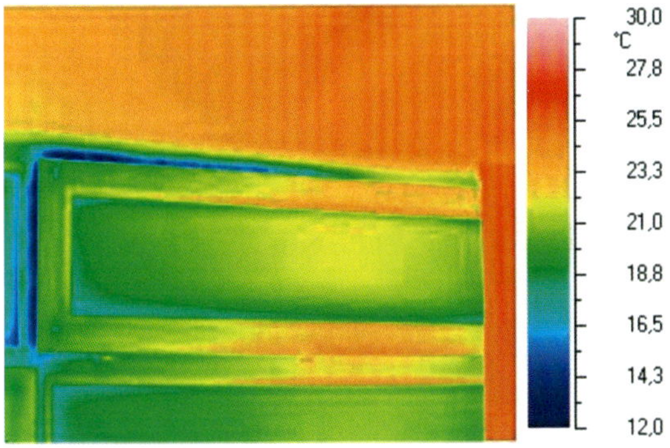

Abb. 4.132: Die Thermografie bildet die an einem undichten Fensterflügel einströmende Kaltluft ab. Der Flügelrahmen ist verzogen oder nicht präzise eingestellt, die Mitteldichtung dichtet nicht mehr ordnungsgemäß ab.

Die richtige Anwendung der Gebäudethermografie stellt hohe Anforderungen an den Anwender und an die Ausrüstung. Auch wenn handliche Infrarot-Thermografiekameras heute für einen breiten Anwenderkreis erschwinglich geworden sind, bedeutet dies nicht, dass stets verwertbare Ergebnisse entstehen. Der Bundesverband für angewandte Thermografie (VaTh e. V.) hat eine Richtlinie Bauthermografie herausgegeben mit einzuhaltenden Anforderungen an die Kamera und das Personal. Des Weiteren enthält die Richtlinie Angaben zur thermografischen Untersuchung und zum Untersuchungsprotokoll. Die Richtlinie ist unter www.vath.de kostenlos herunterzuladen.

Eckdaten

Messverfahren/Messgerät	Infrarotkamera/Thermografiekamera
Messsonde	Infrarot-Strahlungsdetektor
physikalische Grundlage	Messung infraroter Strahlung
obligatorische Anwendung	Temperaturunterschiedsmessung
optionale Anwendung	keine
Messbereich	Mittelwelle (middle wave, mw) 3 bis 5 µm; Langwelle (long wave, lw) 7,5 bis 14 µm
Detektorauflösung	160 · 120 bis 640 · 320 (in der Bauthermografie)
thermische Empfindlichkeit	0,08 bis 0,1 °C
Verfahrenstoleranz	0,08 bis 0,1 °C
Kalibrierintervall	keine Angaben

Abb. 4.133 und 4.134: Tonfrequenzanalyse-Set bestehend aus Empfänger (Abb. 4.133) und Sender (Abb. 4.134) (Quelle: Firma Ridge Tool GmbH & Co. oHG, Gevelsberg)

4.34 Tonfrequenzanalyse

Die Tonfrequenzanalyse ist ein zerstörungsfreies Verfahren zur Ortung des Verlaufs von metallischen und nicht metallischen Leitungen. Sie nutzt die Möglichkeit, mit einem Empfänger Frequenzen zu orten, die entweder direkt oder indirekt auf eine Leitung gegeben werden (siehe Abb. 4.133 und 4.134).

Das Stromnetz in Deutschland besitzt z. B. eine Frequenz von 50 Hz. Wird der Empfänger der Leitungsortung auf 50 Hz eingestellt, so lässt sich der Leitungsverlauf der im Erdreich vergrabenen Stromkabel mit Tiefenangabe orten. Hierbei handelt es sich um eine passive Ortung.

Soll eine Metallleitung, z. B. eine Kaltwasserleitung aus Kupfer, im Haus geortet werden, so muss diese durch die Sendeeinheit mit einer Frequenz zu Schwingungen angeregt werden. Hierzu müssen sowohl der Anfang als auch das Ende der zu ortenden Leitung mit dem Sender verbunden werden. Dies ist eine aktive Ortung. Im Außenbereich ist auch eine indirekte Besendung mittels einer Induktionsspule möglich, die sich im Gehäuseboden des Senders befindet.

Je nach Hersteller dieser Geräte stehen Frequenzen zwischen 128 und 36 kHz zur Verfügung. Bei einigen Sendern kann die Frequenz bis 36 kHz frei programmiert werden. Dem Messtechniker bieten sich dadurch größere Freiräume bei der Ortung.

Da in Häusern die Leitungen sehr dicht nebeneinanderliegen, besteht die Gefahr des Überspringens der Sendefrequenz von der zu untersuchenden Leitung auf benachbarte Stränge. Wie beispielhaft in Abb. 4.135 zu sehen, liegen die Versorgungsleitungen unterhalb des Estrichs in ungeordneter Ver-

Abb. 4.135: Unter dem schwimmenden Estrich verläuft eine Vielzahl von Versorgungsleitungen. (Quelle: Firma von der Lieck GmbH & Co. KG, Grebbener Str. 7, Heinsberg)

Abb. 4.136: Ortung einer Leitung unter der Straßendecke (Quelle: Firma Ridge Tool GmbH & Co. oHG, Gevelsberg)

legeweise. Der Messtechniker hat die Heizungsleitung besendet und kommt aufgrund der Leitungsverlegung zu einer Fehlortung am Spülkasten der Toilette. Das Signal ist an unbekannter Stelle von der Heizungsleitung auf die Kaltwasserleitung übergesprungen.

Das Verfahren wird auch im Außenbereich eingesetzt. Muss zum Beispiel die Straße für Kanal- oder Reparaturarbeiten an erdverlegten Leitungen geöffnet werden, werden mit der Tonfrequenzanalyse der Verlauf und die Tiefe der vorhandenen Leitungen (Strom, Wasser, Telefon usw.) geortet (siehe Abb. 4.136).

Besteht die Aufgabe darin, ein nicht metallisches Rohr zu orten, werden in der Regel sog. Sendemolche eingesetzt. Diese bestehen aus einem Sendekopf, der wiederum besendet werden kann, und einer Rotte aus Fiberglas, mit der der Molch in das Rohr geschoben werden kann. Mithilfe des Empfängers, der auf die gleiche Frequenz wie der Molch eingestellt ist, kann die Lage des Molches und somit des Rohres bestimmt werden. Auch hier ist eine Tiefenangabe möglich.

Aufgrund ihrer Baugröße sind Sendemolche für Rohrdurchmesser über 50 mm geeignet.

Praxistipp

Bei der Verwendung eines Sendemolches zur Lagebestimmung der Leitung empfiehlt es sich, mit 2 Personen zu arbeiten. Während die eine misst, schiebt die zweite Person den Sendemolch auf der Rotte weiter ins Rohr.

Eckdaten

Messverfahren/Messgerät	Tonfrequenzanalyse (Leitungsortung)
Messsonde	Suchspule
physikalische Grundlage	Ortung von Frequenzen
obligatorische Anwendung	aktive und passive Ortungen von Leitungen
optionale Anwendung	keine Angaben
Messbereich	4 bis 35 kHz
Auflösung	keine Angaben
Gerätetoleranz	keine Angaben
Verfahrenstoleranz	keine Angaben
Kalibrierintervall	keine Angaben

4.35 Tracergasverfahren

Als Tracergasverfahren wird in der Leckortung den Einsatz von harmlosen Spürgasen in Verbindung mit den entsprechenden Detektoren bezeichnet (siehe Abb. 4.137 bis 4.139). Zum Einsatz kommen in der Regel Helium (99 %) oder ein Gemisch aus Wasserstoff und Stickstoff, auch Formiergas genannt. Das Mischungsverhältnis wird als 95/5 oder 90/10 angegeben, das bedeutet ein Verhältnis von 95 bzw. 90 % Stickstoff N_2 zu 5 bzw. 10 % Wasserstoff H_2. Bei der Verwendung der genannten Gase muss das zu überprüfende Leitungssystem komplett entleert werden, da sich beide Gase nicht mit Wasser mischen lassen. Anschließend wird das Rohr mit dem Gas befüllt. Die Tracergase sind leichter als Luft und steigen nach oben. Mit einem Detektor, der auf das entsprechende Gas anspricht, wird die defekte Leitung abgegangen. Eine Identifikation des Gases zeigt der Detektor sowohl optisch als auch akustisch an.

Das Gasspürgerät Schütz GM 5 (siehe Abb. 4.140) besitzt eine optionale Messbereichsautomatik, die den jeweils kleinstmöglichen Messbereich wählt. Ein Übergehen der Leckstelle durch die manuelle Wahl eines zu großen Messbereiches wird vermieden.

Die nachfolgenden Einheiten sind, wenn nicht explizit gekennzeichnet, auf Methan (CH_4) bezogen.

Die Einheit ppm ist volumenbezogen:

- 1 ppm = 1 cm^3 100 %iges Prüfgas verteilt in 1 m^3 Umgebungsluft
- 10 ppm = 10 cm^3 100 %iges Prüfgas verteilt in 1 m^3 Umgebungsluft

Die Einheit Vol.-% wird an einigen Geräten ab 0,1 Vol.-% angezeigt. Bei Erreichen eines Schwellenwerts springt die Anzeige um:

Abb. 4.137: Lecksuche an einer Außenleitung. Über den Hydranten wird das Spürgas in die Leitung gegeben, das an der Leckstelle wieder austritt. Mithilfe das H_2-Sensors kann das ausströmende Gas detektiert werden. (Quelle: Firma Seba KMT, Baunach)

Abb. 4.138: Gasspürgerät für Wasserstoff

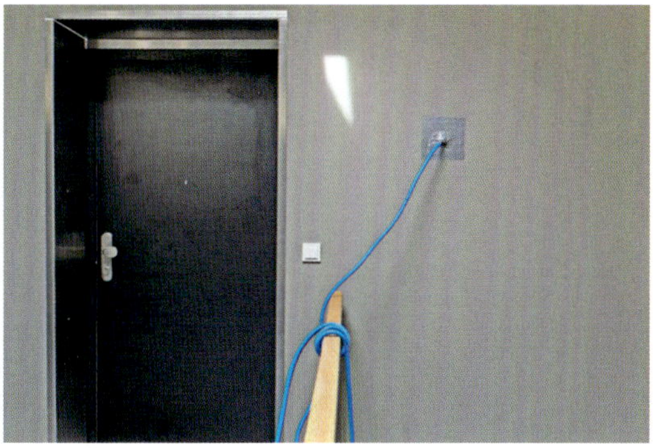

Abb. 4.139: Einleitung des Spürgases in eine zweischalige Wandkonstruktion

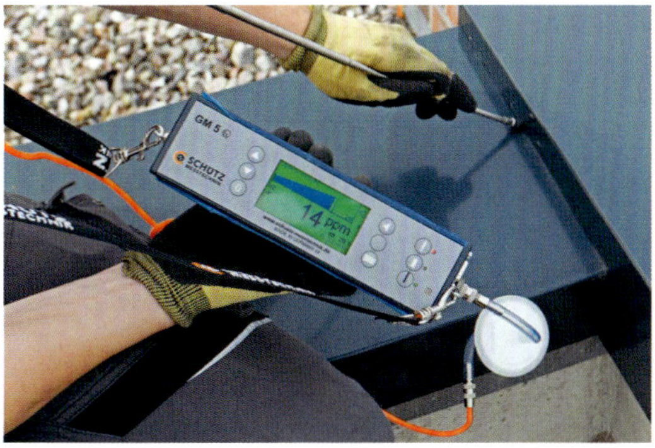

Abb. 4.140: Detektion des austretenden Spürgases mit der Messsonde

- 0,1 Vol.-% = 1 dm^3 100 %iges Prüfgas verteilt in 1 m^3 Umgebungsluft
- 1 Vol.-% = 10 dm^3 100 %iges Prüfgas verteilt in 1 m^3 Umgebungsluft

Die Umrechnungsfaktoren sind Tabelle 4.13 zu entnehmen.

Tabelle 4.13: Umrechnungsfaktoren

dm^3	cm^3	m^3	Liter
0,01	= 10	= 0,00001	= 1/100
0,1	= 100	= 0,0001	= 1/10
1	= 1.000	= 0,001	= 1
10	= 10.000	= 0,01	= 10
100	= 100.000	= 0,1	= 100
1.000	= 1.000.000	= 1	= 1.000

ppm	Vol.-%	CH_4 in 1 m^3 Luft
1	= 0,0001	= 1 cm^3
10	= 0,001	= 10 cm^3
100	= 0,01	= 100 cm^3
1.000	= 0,1	= 1 dm^3
10.000	= 1	= 10 dm^3
100.000	= 10	= 100 dm^3
1.000.000	= 100	= 1 m^3

Praxistipp

Bei großen Rohrleitungslängen oder großen Durchmessern wird selten ein reines Gemisch aus Wasserstoff und Stickstoff verwendet, da dies die Verbrauchsmaterialkosten unnötig in die Höhe treiben würde. In solchen Fällen wird mit einem Gemisch aus Luft und Tracergas gearbeitet. Die heutigen Detektoren sind empfindlich genug, auch mit einem solchen Gemisch noch eine genaue Ortung zuzulassen.

Das Tracergasverfahren wird auch bei der Ortung von Leckstellen in Flachdachabdichtungen eingesetzt. Hierzu wird das Tracergas mittels spezieller Stutzen unter die Abdichtung geblasen. Die zu untersuchende Flachdachfläche wird anschließend vom Einflutpunkt ausgehend systematisch abgegangen. Das austretende Gas zeigt die Leckstelle an.

Abb. 4.141 und 4.142 : Leckstellen in Wasser führenden Leitungen (Quelle: Firma von der Lieck GmbH & Co. KG, Heinsberg)

Zu beachten ist, dass offene Attiken zu Fehlmessungen führen können, da das ausströmende Gas durch den Wind zum Sensor geblasen werden kann und somit einen Gasaustritt in der Fläche vermuten lässt.

Bei Foliendächern ist darauf zu achten, dass das Tracergas zwischen die Folie und das Schutzvlies eingeflutet wird. Ist das Vlies fest mit der Folienunterseite verbunden, kann es bei nassem Vlies zu Fehlmessungen kommen. Der Wasserfilm lässt das Gas nicht durch; es strömt somit an der Leckstelle vorbei.

Tracergas wird auch bei Abwasserleitungen eingesetzt. Hierzu gehört allerdings viel Erfahrung im Umgang mit diesem Messverfahren.

Eckdaten

Messverfahren/Messgerät	Tracergasortung
Messsonde	Gassensor
physikalische Grundlage	Ortung von Wasserstoff-Stickstoff-Gemisch (95/5 oder 90/10)
obligatorische Anwendung	Ortung von Rohrleckstellen
optionale Anwendung	Dichtigkeitsprüfung von Behältern/Tanks, Flachdachleckortung
Messbereich	0 bis 1.000 ppm
Auflösung	1 ppm
Gerätetoleranz	keine Angaben
Verfahrenstoleranz	keine Angaben
Kalibrierintervall	keine Angaben

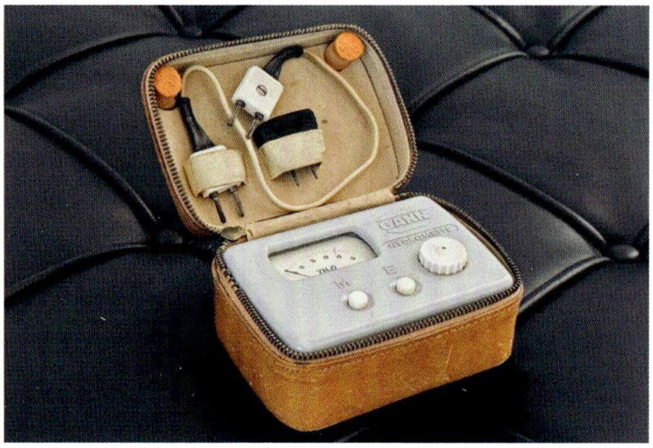

Abb. 4.143: Gann-Hydromette aus den 1960er-Jahren

Abb. 4.144: Elektronisches Messgerät mit Rammelektrode zur Holzfeuchtemessung

4.36 Videoskopie

Das Videoskopiemessverfahren wird in Kapitel 4.11 beschrieben.

4.37 Widerstandsmessverfahren

Das elektrische Widerstandsmessverfahren dient der Bestimmung des Feuchtegehalts von Hölzern sowie der orientierenden Untersuchung an anderen Baustoffen und wurde schon in den 1960er-Jahren erfolgreich angewandt (siehe Abb. 4.143).

Feuchtemessgeräte, die nach dem Widerstandsverfahren arbeiten, nutzen das Prinzip des ohmschen Gesetzes. Zwischen 2 Elektroden, die unterschiedliche Formen und Größen haben können, wird ein elektrischer Messstrom geleitet. Die Leitfähigkeit des zu messenden Baustoffs als Kehrwert des Widerstands wird in der Regel als Zahlenwert in Digits auf dem Messgerät angezeigt. Je feuchter ein Baustoff ist, desto geringer ist der Widerstand zwischen den beiden Elektroden. Daraus ergibt sich eine entsprechend höhere Leitfähigkeit.

Das klassische Anwendungsgebiet ist der Baustoff Holz (siehe Abb. 4.144). Für die meisten Holzsorten gibt es sog. Kalibrierkurven, über die die Holzfeuchte in Masse-% bestimmt werden kann. Einige Messgeräte bieten die Möglichkeit einer holzartenspezifischen Voreinstellung, damit bereits auf dem Display der für die Holzart zutreffende Wert in Masse-% abgelesen werden kann. Diese Geräte können jedoch nur bei unbehandeltem Holz angewendet werden. Befinden sich z. B. Farbe, Lack, Wachs oder Öl auf dem Holz, kann eine Bestimmung der absoluten Feuchte im Holz nicht mehr durchgeführt werden.

Bei allen anderen Stoffen handelt es sich bei dem angezeigten Messwert hingegen nicht um den absoluten Feuchtegehalt, sondern lediglich um einen Vergleichswert, gemessen in Skaleneinheiten (SKE). Diverse Messgerätehersteller bieten zwar umfangreiche Umrechnungstabellen an, diese sind jedoch nicht zuverlässig.

Für verschiedene Baustoffe gibt es praktische Erfahrungswerte, die eine Orientierung für die Abschätzung des Feuchtegehalts des Baustoffs bieten können (vgl. Tabelle 4.14). Es handelt sich hierbei um empirisch ermittelte Werte, die lediglich als Anhaltspunkte dienen sollen und keine Absolutwerte darstellen.

Tabelle 4.14: Vergleich von Messwerten, die nach dem Widerstandsleitfähigkeitsverfahren gemessen wurden

Material	**Digits/Skalenwerte**		
	trocken	**Übergangsbereich**	**nass**
Calciumsulfatestrich	< 35	36 bis 45	> 46
Zementestrich	< 35	36 bis 45	> 46
Steinholzestrich	< 40	41 bis 55	> 56
Gipsputz	< 25	26 bis 30	> 31
Polystyrol Polystyrolhartschaum Polyuretanhartschaum	< 35	36 bis 50	> 51
Glasfaser Stein- oder Mineralwolle	< 35	36 bis 45	> 46
Silicatschaumglas	< 35	36 bis 50	> 51
Kork geblähtes Eruptivgestein	< 30	31 bis 40	> 41
Holzwolleleichtbauplatten	< 40	41 bis 50	> 51
Lehmschüttung	< 40	41 bis 55	> 56
Kokosfaser	< 35	36 bis 40	> 41

Je nachdem, welcher Baustoff gemessen werden soll, müssen die richtigen Elektroden gewählt werden. Bei der Messung von Holz werden in der Regel unisolierte Messelektroden mit einem Durchmesser von 4 bis 6 mm und einer Länge zwischen 200 und 300 mm eingesetzt. Auch kommen sog. Einschlagelektroden zum Einsatz (siehe Abb. 4.145). Diese werden in der Regel mit einem Hammer in das Prüfgut eingeschlagen. Rammelektroden, wie z. B. die Elektrode M 18 der Firma Gann, benötigen keinen Hammer, da die Elektrodenspitzen über einen beweglichen Massekörper, der auf einer Stange gleitet, eingetrieben werden (siehe Abb. 4.146).

Abb. 4.145: Einschlagelektrode

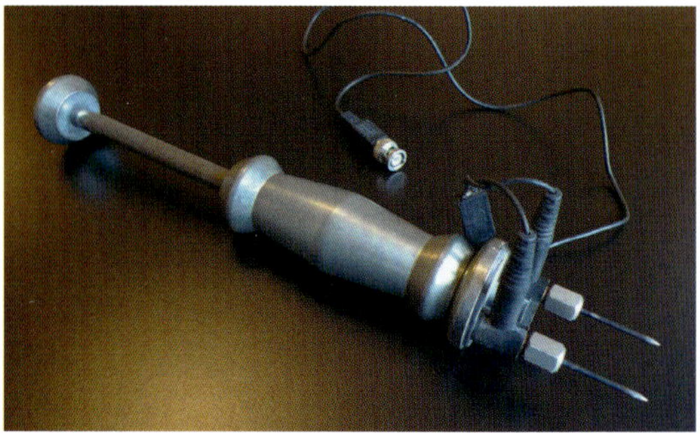

Abb. 4.146: Rammelektrode

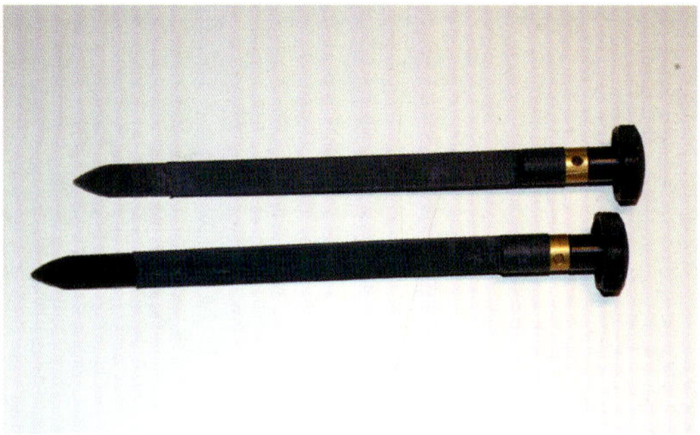

Abb. 4.147: Flachelektroden

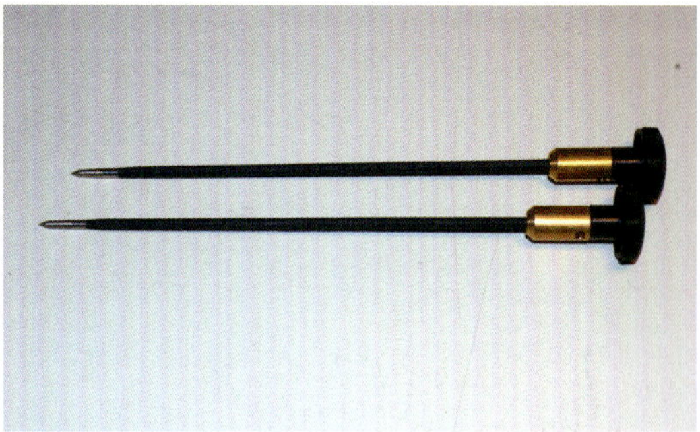

Abb. 4.148: Rundelektroden

Zur Bestimmung der Feuchte in Dämmstoffen unterhalb des Estrichs werden in der Regel isolierte Flach- oder Rundelektroden verwendet (siehe Abb. 4.147 und 4.148). Die Flachelektroden können über den Randstreifen, die Fuge zwischen Wand und Estrich, geschoben werden (siehe Abb. 4.149). Die Feuchteverteilung unter dem Estrich bzw. der Estrichdämmschicht kann entlang der Wände weitestgehend zerstörungsfrei gemessen werden. Die Flachelektroden sind in der Regel 20 mm breit, 2 mm dick und zwischen 200 und 300 mm lang. Zur Messung mit den isolierten Rundelektroden mit einem Durchmesser von 6 mm und einer Länge zwischen 200 und 300 mm ist es in der Regel erforderlich, 2 Bohrungen zu setzen (siehe Abb. 4.150). Die Löcher sollten etwas größer als der Durchmesser der Rundelektroden sein.

Für die Langzeitmessung in mineralischen Baustoffen empfiehlt es sich, sog. Bürstenelektroden zu verwenden. Diese bestehen in der Regel aus Messing und stellen durch ihre spezielle Bauart im Bohrloch einen guten seitlichen Kontaktschluss zum Baustoff her. Auch hier sollten die zu erstellenden Bohrungen etwas kleiner als der Durchmesser der Bürstenelektroden sein.

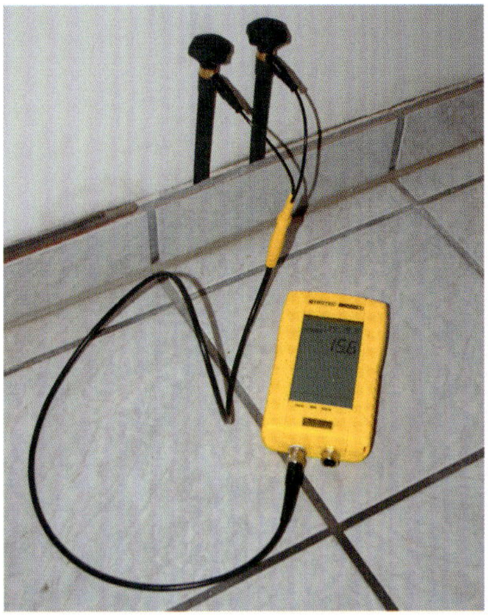

Abb. 4.149: Widerstandsmessung mit Flachelektroden über den Randstreifen zur Ermittlung der Feuchte unter dem schwimmenden Estrich

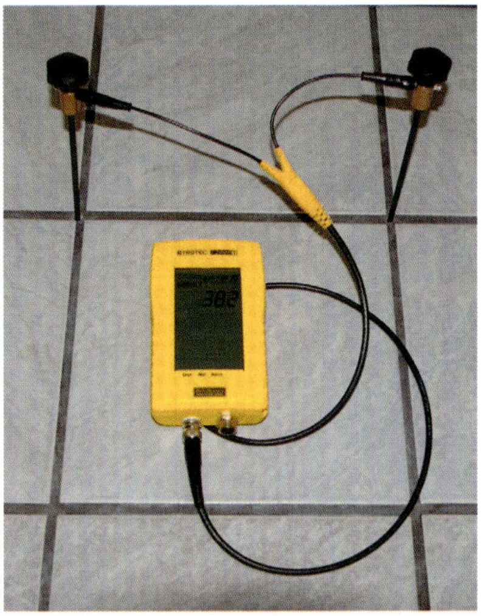

Abb. 4.150: Widerstandsmessung mit den Rundelektroden über 2 Bohrungen zur Ermittlung der Feuchteverteilung in der Bodenkonstruktion

Abb. 4.151: Widerstandsmessung mit der Einschlagelektrode im Putz

Sowohl für mineralische Baustoffe als auch Dämmstoffe oder Holz kommt die sog. Einschlagelektrode zum Einsatz. 2 unisolierte Stahlstifte, die es in unterschiedlichen Längen gibt, werden mithilfe eines schlagfesten Kunststoffkörpers in das zu messende Prüfgut gedrückt oder geschlagen (siehe Abb. 4.151). Die Stahlstifte werden mithilfe von Überwurfmuttern im definierten Abstand am Kunststoffkörper festgehalten. Die Stahlstifte gibt es in Längen von 20 bis 60 mm.

Praxistipp

Salze und Metalle können die Messung negativ beeinflussen. Bei der Verwendung von Flach- oder Rundelektroden können fehlende oder beschädigte Isolierungen zu Fehlmessungen führen. Es sollte darauf geachtet werden, dass die Messspitzen ca. 1 bis 2 cm unisoliert sind. Somit ist der Messbereich definiert und Fehler werden minimiert.

Fehlende oder beschädigte Isolierung, die bei neuen Elektroden in der Regel aus Schrumpfschläuchen besteht, kann durch einfaches Isolierband ersetzt werden.

Eckdaten

Messverfahren/Messgerät	Widerstandsmessung
Messsonde	Rund-, Flach-, Einschlag-, Bürstenelektroden
physikalische Grundlage	Widerstands- bzw. Leitfähigkeitsmessung
obligatorische Anwendung	Bestimmung der Feuchteverteilung in Baustoffen qualitativ und quantitativ in Holz
optionale Anwendung	keine Angaben
Messbereich	0 bis 100 Digits qualitativ; 0 bis 15 M-% quantitativ
Auflösung	0,1
Gerätetoleranz	keine Angaben
Verfahrenstoleranz	keine Angaben
Kalibrierintervall	Prüfblöcke zur Kontrolle

5 Auswertung

Unabhängig davon, ob lediglich eine Feuchtemessung mit einem elektronischen Messgerät oder eine aufwendige Leckortung vorgenommen wird, sollte nach jeder Messung stets ein Messprotokoll erstellt werden, das die erbrachte Leistung dokumentiert und den erhaltenen Auftrag abschließt. So ist bei einer CM-Messung das jedem CM-Koffer beiliegende Musterprotokoll sorgfältig auszufüllen. Dies dient nicht nur zur Sicherheit des Bodenlegers, der die Messung durchführen muss, um die Belegreife des Estrichs zu bestimmen. Sollte es nach der Verlegung des Oberbodens zu Schäden kommen, kann das ausgefüllte und von beiden Parteien – Bodenleger und Auftraggeber oder Bauleiter – unterschriebene Messprotokoll als Dokumentenbeweis hinzugezogen werden und ggf. im Streitfall den Bodenleger entlasten.

Im Gegensatz zur CM-Messung existiert für alle anderen Messeinsätze keine standardisierte Vorlage. Aus diesem Grund sollten hierzu einige Überlegungen angestellt werden, damit dieses Problem behoben werden kann.Vor jedem Messeinsatz sollte ein Schadenaufnahmeprotokoll erstellt werden, das neben dem Auftragsformular am Einsatzort ausgefüllt wird und sozusagen als „Notizblock" dient. Alle objektspezifischen Angaben, der Grundriss, die eingesetzten Messgeräte und alle anwesenden Personen werden darin festgehalten. Diese Daten können später als Grundlage für das Messprotokoll verwendet werden.

Jede Messung ist anders oder sogar einzigartig. Die Frage, welche Daten in einem Schadenaufnahmeprotokoll enthalten sein sollen, ist daher schwierig zu beantworten. Ein Schadenaufnahmeprotokoll sollte jedoch mindestens folgende Punkte umfassen:

- Ort/Objekt,
- Datum/Uhrzeit,
- Auftraggeber, Mieter,
- Messtechniker,
- anwesende Personen und ihre Funktionen bzw. Firmenzugehörigkeit,
- Objektangaben/Konstruktionsangaben,
- Lage der Wohnung/Einheit innerhalb des Objektes,
- eingesetzte Messgeräte und Sonden/Elektroden (empfehlenswert ist auch die Angabe des Geräteherstellers),
- ermittelte Messwerte,
- Umgebungstemperatur und Luftfeuchte,
- Grundrissskizze mit Angabe der Messstellen.

Sind die oben angegebenen Punkte vollständig ausgefüllt, lässt sich später aus dieser Vorlage schnell ein kompletter Messbericht erstellen.

Abb. 5.1 zeigt ein Muster zur Schadenaufnahme.

Schadenaufnahme Bauwerksdiagnostik

Auftraggeber		Objektdaten	
Name		Objekt	
Zusatz		Straße	
Straße		PLZ	
PLZ		Ort	
Ort		AP	
Telefon		Telefon	
Vers.		SV/Reg.	
Vers.-Nr.		Schad.-Nr.	

Schadeneintritt: Datum: ____________________ Uhrzeit: ________________________

Ortstermin: Datum: ____________________ Uhrzeit: ________________________

objektrelevante Daten:

☐ EFH ☐ MFH ☐ Parteien __________ ☐ öffentliches Gebäude ☐ MFH

☐ Keller ☐ EG ☐ OG-Stockwerk ____ ☐ Dach ☐ ______

Systeminformationen:

☐ KW ☐ WW ☐ ZL ☐ HZ ☐ FBH ☐ Abwasser

☐ Kanal ☐ Außenleitung ☐ unbekannt ☐ Sonstiges __________________________

☐ Druckverlust FBH ☐ Druckverlust Heizung ☐ Druckverlust Wasser

Messtechnik:

☐ Widerstandsmessung ☐ dielektrische Messung ☐ Mikrowellenmessung

☐ CM-Messung ☐ Darrverfahren ☐ Neutronensonde ☐ Hygrometr. Messung

☐ Temperatur ☐ Luftfeuchte ☐ Datenlogger ☐ Thermografie

☐ Frequenzanalyse ☐ Tonfrequenzanalyse ☐ Korrelator ☐ Tracergasverfahren

☐ Endos-/Videoskop ☐ Färbemittel ☐ Rauchgas ☐ Blower Door

Informationen:

____

____

anwesende Personen: **Funktion:**

____

____

Abb. 5.1a: Muster zur Schadenaufnahme

Skizze:

(Kästchen 1,0 cm × 1,0 cm)

Abb. 5.1b: Muster zur Schadenaufnahme

14	14	16	15	14	12	13	13	12	14	14	16	12
15	15	15	14	14	14	14	14	12	14	14	14	15
15	15	14	12	16	15	14	12	12	13	16	15	13
15	14	15	16	16	15		12	13	12	14	14	15
14	13	14	15	13	15	13	14	13	13	12	13	14
14	12	15	13	16	15	14	13	13	11	12	13	15
13	16	15	14	16	13	14	14	13	13	14	14	18
13	13	13	14	15	15	12	13	12	14	14	14	22
13	13	12	15	13	13	13	12	13	15	11	18	24
15	14	13	13	14	14	14	15	15	15	13	15	16
12	13	12	14	14	14	14	13	13	14	14	15	14
14	14	14	14	14	13	14	14	13	14	14	12	14
12	13	12	13	12	15	13	12	12	13	15	13	12
13	14	13	12	13	12	15	13	11	13	15	13	13
13	13	14	12	14	11	12	12	13	18	15	18	19
12	12	13	14	14	12	14	15	15	18	18	14	23
11	12	12	13	11	13	12	12	14	14	14	21	30
11	14	13	12	13	13	15	14	13	12	12	14	16
12	13	12	12	12	13	12	14	11	12	12	12	17
13	12	13	14	12	12	12	12	14	14	13	16	16
13	11	12	13	12	12	11	14	12	12	13	15	13
14	12	11	12	10	12	12	11	13	13	14	17	16
20	14	16	14	14	14	16	15	14	15	15	17	21

Abb. 5.2: Schritt 2 der bildlichen Darstellung mit Excel

Bei Feuchtemessungen ist es empfehlenswert, die ermittelten Messwerte grafisch darzustellen. Dies erleichtert es dem Leser/Auftraggeber, die Ergebnisse zu deuten.

Das Programm Microsoft Excel bietet eine einfache Lösung, mit der nüchterne Zahlen in eine bildliche Darstellung umgewandelt werden können. Das Vorgehen umfasst folgende Schritte:

- Microsoft Excel mit einem leerem Blatt öffnen,
- Messwerte wie notiert übertragen (siehe Abb. 5.2),
- alle eingetragenen Messwerte durch Klicken in das linke obere Feld (A1) markieren, die linke Maustaste gedrückt halten und alle anderen ausgefüllten Felder markieren,
- aus dem Grafikmodul (Grafikassistenten) die Alternative „Oberflächendiagramm, Aufsicht von oben", auswählen,
- fertigstellen (siehe Abb. 5.3).

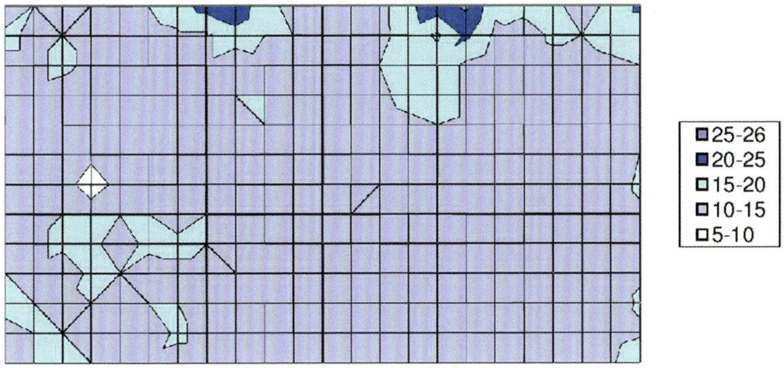

Abb. 5.3: Fertige Grafik zu den eingegebenen Messwerten. Microsoft Excel legt die Farben fest; sie können aber vom Anwender unter dem Menüpunkt „Legende formatieren" individuell angepasst werden. Um Feuchte oder Wasser darzustellen, empfiehlt es sich, Blautöne zu verwenden.

Eine mögliche Interpretation der Abb. 5.3 kann wie folgt lauten:

- Messwerte von 6 bis11 Digits: keine Messung möglich an dieser Stelle, da dort ein Gegenstand stand;
- Messwerte von 11 bis 16 Digits: gleichmäßige Messwerte; dort könnte es trocken sein;
- Messwerte von 16 bis 21 Digits: ansteigende Feuchte, Hinweis auf eine mögliche Leckage;
- Messwerte von 21 bis 26 Digits: hohe Messwerte, Wasseraustrittsstelle, Leckage.

Des Weiteren sollte die Messung umfassend fotografisch dokumentiert werden.

Das ausführliche Messprotokoll sollte neben den grafischen Elementen auch einen Ergebnisbericht enthalten. Die grobe Gliederung des Messprotokolls könnte wie folgt aussehen:

- Objekt,
- Aufgabenstellung,
- Termin, Messtechniker,
- anwesende Personen,
- Aufbau,
- eingesetzte Messgeräte,
- Messergebnis.

Die meisten Daten können aus dem Schadenaufnahmeprotokoll übernommen werden und müssen ggf. nur ergänzt bzw. angepasst werden.

Bei der Bewertung ist zu beachten, dass ausschließlich Tatsachen und keine Vermutungen oder sogar Spekulationen zu der Schadenursache wiedergegeben werden.

Alles, was in dem Ergebnisbericht beschrieben wird, muss anhand der Messwerte, Messergebnisse und Fotos nachvollziehbar sein.

Die Beurteilung der Messergebnisse ist vom eingesetzten Messgerät abhängig.

Beispiel

Im klassischen Fall eines Ortstermins mit Schadenaufnahme nach einem Wasserschaden möchte der Auftraggeber in der Regel wissen, wie nass die Wände und die Dämmschicht unter dem Estrich sind. Zum Einsatz kommen das Leitfähigkeitsmessverfahren und die dielektrische Messung. Das Messprotokoll enthält folgende Angabe:

Messwerte zwischen 35 und 160 Digits.

Grundsätzlich ist festzuhalten, dass eine solche Angabe nutzlos ist. Die Messwerte wurden mit 2 unterschiedlichen Messverfahren ermittelt, die nicht miteinander verglichen werden können. Jedes Messverfahren und somit jedes Messergebnis muss einzeln betrachtet werden. Messwerte aus der Leitfähigkeitsmessung müssen separat von den Messergebnissen der dielektrischen Messung festgehalten und ausgewertet werden. Selbst Vergleiche unter gleichen Messverfahren, aber mit Geräten unterschiedlicher Hersteller, sind mit Vorsicht zu betrachten.

Gute Erfahrungen wurden in der Vergangenheit mit Leitfähigkeitsmessgeräten gemacht, da der max. Anzeigewert 100 nicht übersteigt. Dabei spielt es keine Rolle, ob es sich um eine digitale oder eine analoge Anzeige handelt.

Nach dem heutigem Stand der Technik lassen sich die Anzeigewerte in Digits nicht in Masse-% umrechnen. Alle Geräte, die nach dem elektronischen Messprinzip arbeiten, unabhängig davon, ob es sich um die Messung der elektrischen Leitfähigkeit, das dielektrische Verfahren oder die Neutronenradiometrie handelt, eignen sich hervorragend zur Vergleichsmessung, also zur qualitativen Messung, jedoch nicht für die quantitative Messung. Auch wenn Gerätehersteller Umrechnungstabellen mitliefern oder im Gerät hinterlegen, geben diese keinen exakten und verlässlichen Wert an.

Dies ist auch nicht erforderlich, da lediglich verifiziert werden soll, wo mehr oder weniger Feuchte vorhanden ist.

6 Bauteil- und baustoffbezogener Einsatz

Die Vorbereitung einer sachgerechten Bauwerksdiagnostik beginnt mit der zielorientierten Einsatzplanung. Unter Berücksichtigung der objektspezifischen Besonderheiten wird eine Messstrategie entwickelt, die eine möglichst lückenlose Datenerhebung vor Ort ermöglicht. Vergessene Messgeräte führen zu fehlenden Daten und diese möglicherweise zu unzureichenden Beurteilungskriterien mit dem Risiko einer Fehldiagnose. Ohne eine sorgfältige Einsatzplanung kommt es zur Zufallsdiagnostik, die im Ergebnis richtig sein kann, aber nicht muss. Auf der anderen Seite ist es aus praktischen Erwägungen heraus vielfach nicht möglich, sämtliche Mess- und Prüfgeräte mit sich zu transportieren. Der Einsatzplanung kommt daher in der Bauwerksdiagnostik eine besondere Bedeutung zu.

Grundlage für die Festlegung der Messstrategie ist die jeweilige objektspezifische Aufgabenstellung. Neben der praktischen Erfahrung kommt es hierbei auch auf die Fantasie des Einsatzplaners an, wenn es darum geht, welche flankierenden Messungen möglicherweise begleitend zur Hauptaufgabe erforderlich werden könnten. Wenn die Nützlichkeit solcher flankierenden Messungen erst vor Ort erkannt wird, sind die erforderlichen Messgeräte in der Regel nicht unverzüglich verfügbar.

Ein weiterer wichtiger Aspekt bei der Vorbereitung eines Messtermins ist die Frage nach der aktuellen Einsatzbereitschaft der Mess- und Prüfgeräte. Hierbei ist abzuklären, ob am Einsatzort die für das Messverfahren erforderlichen Stromquellen ausreichend vorhanden sind und auch Spannung führen. Anderenfalls ist zu klären, ob die internen Spannungsquellen der Mess- und Prüfgeräte zur Verfügung stehen, d. h., ob Akkus entsprechend aufgeladen oder frische Batterien im Messkoffer vorhanden sind. Das Gleiche gilt entsprechend für das Vorhandensein von erforderlichen Verbrauchsmitteln wie Filtereinsätzen, Nährbodenschalen sowie ggf. Reinigungs- und Betriebsmitteln, die während eines Einsatzes erforderlich sind. Falls notwendig, muss geprüft werden, ob die zum Einsatz vorgesehenen Geräte ordnungsgemäß rekalibriert sind oder ob möglicherweise der Zeitpunkt des fälligen Rekalibrierungsintervalls unzulässigerweise überschritten worden ist. Prinzipiell analog verhält es sich mit der Einsatzplanung in Bezug auf sonstige Arbeitsgeräte und Betriebsmittel, die z. B. der Probeentnahme dienen, wie Kernbohrgeräte, Stemmhämmer, Handkreissägen, Trennschleifer usw. Gegebenenfalls sind auch die erforderlichen Schutzmaßnahmen für den Arbeits- und Umgebungsschutz, wie z. B. die persönliche Schutzausrüstung und geeignete Arbeitskleidung, in die Überlegungen mit einzubeziehen.

Hängt der Erfolg der Messung von Dritten ab, ist die rechtzeitige Benachrichtigung Bestandteil einer ordnungsgemäßen Einsatzplanung. Dritte in diesem Sinne können sein:

- Hilfskräfte zum Öffnen von Bauteilen und zum Entnehmen von Materialproben,
- Mieter, die die entsprechende Wohnung zugänglich machen,
- die Feuerwehr, falls bei der Prüfung sichtbar Rauchgas aus dem Gebäude austreten wird,
- die Prozessbevollmächtigten der Parteien, wenn es um eine Messung durch Sachverständige innerhalb eines laufenden Gerichtsverfahrens geht.

Um alle erwähnten Aspekte sinnvoll in Einklang zu bringen, bietet sich die Möglichkeit der Verwendung von Checklisten. Eine derartige Checkliste (siehe Beispiel in Abb. 5.1) kann individuell für alle typischen Belange eines Unternehmens angefertigt werden.

Informationstabellen können z. B. eine Materialtabelle der gängigsten Rohrmaterialien (siehe Tabelle 6.1) oder eine Wasserverlusttabelle (siehe Tabelle 6.2) sein, die bei der Einschätzung und Ortung von Rohrbrüchen helfen.

Tabelle 6.1: Übersicht über Rohre und Rohrmaterialien, die bei verschiedenen Leitungsarten verbaut werden

Rohre/Rohrmaterialien	**Leitungsart**					
	Trinkwasser		**Heizung**	**Fußbodenheizung**	**Abwasser**	**Hauptleitung**
	kalt	**warm**				
Blei	x				x	x
Guss					x	x
Kunststoff	x	x	x	x	x	x
Kupfer	x	x	x			
Mehrschichtverbundrohr	x	x	x	x		
Rohr-in-Rohr-System	x	x	x			
Schwarzrohr			x	x	x	
Ton					x	
verzinktes Rohr	x	x	x			x
Wicu-Rohr	x	x	x			
Zement					x	

Tabelle 6.2: Wasserverluste in Trinkwasserleitungen in Abhängigkeit von Leckdurchmesser und anstehendem Druck von 5 bar

Leckdurchmesser (mm)	Wasserverlust (l)		Wasserverlust (m^3)	
	je Minute	je Stunde	je Tag	je Monat
0,5	0,33	20	0,48	14,4
1,0	0,97	58	1,39	41,6
2,0	3,16	190	4,56	136,0
5,0	22,30	1.340	32,00	960,0

Beispiel

In einem Mehrfamilienhaus soll untersucht werden, worin die Ursachen für die Feuchteschäden und den Schimmelpilzbefall auf einer Außenwand liegen. Ferner soll untersucht werden, ob eine Bauteildurchfeuchtung oder ein hygrothermischer Schaden vorliegt. Für die Untersuchung des Feuchtegehalts vor Ort kommen der Einsatz einer Kugelkopfmesssonde mit einem entsprechenden elektronischen Basisgerät und ggf. der Einsatz einer Mikrowellenmesssonde in Betracht, falls davon auszugehen sein sollte, dass auch eine Salzbelastung des Baustoffs vorliegt. Weiterhin sollte zumindest für den Zeitpunkt des Ortstermins eine stationäre Klimamessung durchgeführt werden, d. h., es ist der Einsatz einer Klimamesssonde zur Ermittlung der Lufttemperatur innen und außen sowie der relativen Luftfeuchte im Rauminneren erforderlich. Darüber hinaus muss die raumseitige Wandoberflächentemperatur festgestellt werden. Hiermit wird überprüft, ob in dem betreffenden vom Schimmelpilz befallenen Bereich möglicherweise eine unzulässige Wärmebrückenwirkung vorliegt. In diesem Zusammenhang sollte auch die Bauteiloberflächentemperatur außen gemessen werden.

Sofern verfügbar und hinsichtlich der Jahreszeit realisierbar, empfiehlt sich als flankierende Untersuchung die Durchführung einer Innen- und Außenthermografie. Bestehen Zweifel in Bezug auf die Feuchteverteilung innerhalb des Wandquerschnitts, wäre eine Tiefenmessung im Bohrlochverfahren oder die Entnahme eines Bohrkerns mit anschließender Laboruntersuchung des Feuchtegehalts in den verschiedenen Ebenen möglich. Vorsorglich sollten leichte Werkzeuge zur Entnahme einer Tapetenprobe mitgeführt werden sowie entsprechend geeignetes und reines Material zum Probentransport. Falls mehrere Proben zu entnehmen sind, sollten auch ein Desinfektionsmittel (z. B. 70%iger Alkohol) und ein Reinigungstuch mitgeführt werden, um das Werkzeug zwischen den einzelnen Probeentnahmen sachgerecht zu desinfizieren.

Tabelle 6.3: Messgerätematrix zur schnellen Übersicht von Feuchtemessungen an verschiedenen Baustoffen

	Nachweis der Bauteilfeuchte durch											
	3.28			**3.7**			**3.19**			**3.20**		
Messverfahren	Widerstands-verfahren			dielektrisches Verfahren			Mikrowellen-verfahren			Neutronensonde		
Messaufsätze	• Einsteckelektrode • Rammelektrode • Bürstenelektrode			• Aktivelektrode (Kugelkopf)			• Messköpfe entsprechend der Materialstärke			• Am241-Be		
Eignung	gut	unge-eignet	objekt-spezifisch	gut	unge-eignet	objekt-spezifisch	gut	unge-eignet	objekt-spezifisch	gut	unge-eignet	objekt-spezifisch
Messgut												
Anhydritestrich	x			x			x			x		
Beton		x			x			x		x		
Calciumsulfatestrich	x			x			x			x		
Dämmschicht-schüttung					x		x				x	
Gasbeton	x			x			x				x	
Gips/Gipskarton	x			x			x			x		
Gussasphalt		x			x			x			x	
Holz	x				x		x			x		
Holzbalkendecke			x		x			x			x	
Kalksandstein	x			x			x			x		
Kalkzementputz	x			x			x			x		
Korkdämmstoffe	x			x			x			x		
Lehm	x			x			x			x		
Luft		x			x			x			x	
Magnesiaestrich	x			x			x			x		
Mineralfaser	x				x				x	x		
mineralische Putze	x			x			x			x		
Naturstein	x			x			x			x		
Polystyrol	x				x				x	x		
Schaumglas	x			x					x	x		
Schüttungen					x		x				x	
Zementestrich	x			x			x			x		
Zementputz	x			x			x			x		
Ziegel	x			x			x			x		

Nachweis der Bauteilfeuchte durch														
3.15			**3.24**			**3.24**			**3.3**			**3.5**		
hygrometrische Messung			Luftfeuchtemessung			Temperaturmessung			CM-Messung			Darrmethode		
• Aktivelektrode zur Luftfeuchte-/Temperaturmessung • Steckfühler			• Aktivelektrode zur Luftfeuchte-/Temperaturmessung			• Sensoren entsprechend dem Material			• CM-Messkoffer			–		
gut	unge-eignet	objekt-spezifisch	gut	unge-eignet	objekt-spezifisch	gut	unge-eignet	objekt-spezifisch	gut	unge-eignet	objekt-spezifisch	gut	unge-eignet	objekt-spezifisch
x				x		x			x			x		
x				x		x					x	x		
x				x		x			x			x		
x				x				x		x				x
x				x		x				x		x		
x				x		x				x		x		
	x			x		x				x			x	
x				x		x				x		x		
x				x				x		x			x	
x				x		x				x		x		
x				x		x				x		x		
		x		x		x				x				x
x				x		x				x		x		
x			x							x			x	
x				x		x	x		x			x		
		x		x		x				x				x
x				x		x				x		x		
x				x		x				x		x		
		x		x		x				x				x
		x		x		x				x				x
x				x				x		x				x
x				x		x			x			x		
x				x		x				x		x		
x				x		x				x				x

Tabelle 6.4: Die Messgeräteübersicht soll bei der Entscheidung helfen, welche Messverfahren sich bei der Ortung von Schäden an Gebäuden und Leckortung eignen.

	Bauwerksabdichtung		**Rohrbruch**			
Messverfahren/Schadenart	**Flachdach**	**Gebäude**	**Rohrbruch**	**WW**	**KW**	**HZ**
Bohrmehlverfahren						
CM-Verfahren						
Darrmethode						
dielektrische Messung		x	x	x	x	x
Endoskop, voll und halb flexibel			x			
Färbemittel Kaliumpermanganat	x	x	x			
Färbemittel Lebensmittelfarbe	x	x	x			
Färbemittel Rodamin	x !		x !			
Färbemittel Uranin	x	x	x			
Färbemittel UV-Luminat	x	x	x			
Frequenzanalyse – Körperschall			x	x	x	x
Frequenzanalyse – Ultraschall			x	x	x	x
hygrometrische Messung						
Karsten'sches Prüfröhrchen						
Korrelator			x			
Luftleckagen						
Mikrowellenmessung		x	x	x	x	x
Neutronensonde	x	x	x	x	x	x
Potenzialdifferenzmessung	x	x				
Rauchgasverfahren	x		x			
Rohrkamera			x			
Thermografiekamera	x	x	x	x	x	x
Tonfrequenzanalyse			x	x	x	x
Tracergasverfahren – Helium	x		x	x	x	x
Tracergasverfahren – Wasserstoff-Stickstoff	x		x	x	x	x
Videoskop, voll und halb flexibel			x			
Widerstandsmessung		x	x	x	x	x

Legende:
WW Warmwasserleitung
KW Kaltwasserleitung
HZ Heizungsleitung
FBH Fußbodenheizung
ZL Zirkulationsleitung
x ! unter bestimmten Voraussetzungen

Rohrbruch					Feuchtemessung		
ZL	FBH	Abwasser	Kanal	Außenleitung	qualitativ	quantitativ	Luftdichtigkeit
					x		
					x	x	
						x	
x	x	x			x		
		x					
		x	x	x			
		x	x	x			
		x !	x !	x !			
		x	x	x			
		x	x	x			
x	x						
x							x
					x	x	
				x			
							x
x	x	x			x		
x	x	x			x		
		x	x	x			x
		x	x	x			
x	x	x					x
x		x	x	x			
x		x	x	x			
x	x	x	x	x			
		x					
x	x	x			x		

Kapitel 3 enthält Hinweise dazu, welche Messsonde und welches Gerät sich jeweils für die einzelnen Untersuchungsschritte bestmöglich eignet.

Nicht jedes Messverfahren bzw. jede Gerätekonfigurationen ist gleichermaßen geeignet, um bei bestimmten Problemstellungen zu methodengerechten Untersuchungsergebnissen zu führen. In Tabelle 6.3 und 6.4 sind fallspezifische Anwendungsbeispiele für die typischen Einsatzgebiete der Bauwerksdiagnostik aufgeführt. Aufgrund der Vielfältigkeit der unterschiedlichsten Aufgabenstellungen können derartige Übersichten nicht vollständig sein. Je nach der speziellen beruflichen Ausrichtung des Anwenders sind hier Abweichungen und Ergänzungen möglich.

7 Schäden durch Messfehler

Bei der Diskussion über Schäden an Gebäuden werden 2 Schadensformen unterschieden. Sachschäden treten direkt an der Substanz des betroffenen Gebäudes in der Form einer Funktionsbeeinträchtigung oder eines Funktionsverlustes durch ein bestimmtes Ereignis auf. Der Vermögensschaden ist die Differenz zwischen 2 Vermögenslagen: der ursprünglich ohne Schadenseintritt gedachten Situation und der durch den Schaden erst entstandenen Situation.

Beispiel: Ortung von Heizschlangen einer Fußbodenheizung zum Setzen von Kernbohrungen

Das Trocknungsunternehmen beauftragt einen externen Messtechniker mit der Durchführung einer Thermografie. Der Messtechniker zeichnet auf dem Boden die Stellen an, an denen der Trocknungstechniker gefahrlos bohren kann, also außerhalb des Verlaufs der Heizschlangen. Der Messtechniker öffnet die markierten Stellen jedoch nicht selber. Der Trocknungstechniker verlässt sich auf die Aussagen des Messtechnikers, bohrt seine Löcher in den Estrich und trifft eine Heizschlange, aus der Wasser austritt (siehe Abb. 7.1). Aus einer schadenminimierenden Maßnahme ist jetzt ein größerer Schaden entstanden.

Abb. 7.1: Bei der Herstellung einer Kernbohrung zur Probenentnahme wurde die Heizschlange der Fußbodenheizung angebohrt, obwohl ein Thermograf an dieser Stelle seine Freigabe erteilt hatte.

Gravierender wirken sich jedoch Messeinsätze aus, bei denen der Anwender sich und seine Technik überschätzt. Die Häufigkeit dieser Art von Schäden durch Messfehler ist in den letzten Jahren angestiegen, insbesondere durch Fehler bei der Gebäudethermografie. Nachdem Thermografiekameras erheblich preiswerter geworden sind, ist die Zahl der Dienstleister für Gebäudethermografie sehr stark angestiegen. In den meisten Fällen fehlt ihnen jedoch die Qualifikation bzw. das fachliche Hintergrundwissen. Statt einer qualifizierten Untersuchung der Gebäudehülle auf thermische Verluste werden mit der Thermografiekamera lediglich bunte Bilder ohne Aussagekraft erstellt. Der Anwender muss jedoch grundlegende Kenntnisse in Strahlungslehre, Baukonstruktion und Materialkunde besitzen, damit die aufgenommenen Thermogramme interpretiert werden können. So reicht eine kurzfristige Sonnenstrahlung bereits zur Erwärmung einer Fassade aus. Der Semiprofi interpretiert in die oberflächliche Erwärmung der Außenwand einen nicht vorhandenen Wärmeverlust von innen nach außen. Ein darauf aufbauender Untersuchungsbericht mit Sanierungsmaßnahmen kann für den Ersteller teuer werden, denn er haftet für die in seinem Bericht zugesicherten Eigenschaften.

Vor diesem Hintergrund kann ein Sachschaden im Hinblick auf Messfehler einerseits dadurch eintreten, dass bereits bei der Untersuchung durch unsachgemäßen Einsatz von Gerätschaften oder durch zerstörende Öffnungen Defekte an Bauteilen entstehen. Andererseits können falsche Messergebnisse zu fehlerhaften Beurteilungen des Sachverhalts führen mit der möglichen Folge, dass daraufhin eingeleitete unzutreffende Sanierungsmaßnahmen später selbst in Schäden am Gebäude resultieren. Auch wenn dieser Fall nicht eintreten sollte, kommt unter den oben genannten Aspekten ein Vermögensschaden in Betracht, wenn die Sanierung sich im Nachhinein als unnötig herausstellen sollte. Zu derartigen Vermögensschäden zählen aber auch z. B. erhöhte Heizkosten, die dem Auftraggeber bei einer energetischen Gebäudesanierung entstehen, weil die Planungsgrundlagen aufgrund von Messfehlern von falschen Voraussetzungen ausgegangen sind. Vor diesem Hintergrund sollten alle Messungen und deren Dokumentationen stets mit einem gewissen Risikobewusstsein geplant und durchgeführt werden.

An dieser Stelle muss nochmals darauf hingewiesen werden, dass nicht allein der Erwerb von Messgeräten jeglicher Art automatisch deren richtige Handhabung beinhaltet oder eine korrekte Interpretation zulässt. Eine solide Ausbildung, Einarbeitung in die Handhabung und Funktionsweise der Messgeräte, Erfahrung und ständige Weiterbildung garantieren, dass die Fehler im Umgang mit den Geräten auf ein Minimum reduziert werden können.

Mittlerweile existiert eine Vielzahl von Weiterbildungsmöglichkeiten im Bereich der Messtechnik und Bauwerksdiagnostik, die von den Messgeräteherstellern, Dienstleistern, Aus- und Weiterbildungsstellen sowie Verbänden angeboten werden. In einzelnen Segmenten existieren sogar Normen und zertifizierte Lehrgänge und Ausbildungen.

Weitere Hinweise zu der rechtlichen Situation enthält Kapitel 8.

8 Rechtliche Grundlagen

8.1 Auftrag

Der Auftrag zur Erbringung von Leistungen der Bauwerksdiagnostik kann sowohl mündlich als auch schriftlich erteilt werden. Gegen die Entgegennahme eines mündlich erteilten Auftrages spricht der Umstand, dass sowohl der Leistungsumfang als auch die Vergütung später möglicherweise nicht einwandfrei nachvollzogen werden können. Ein schriftlicher Auftrag sollte in der Regel vor Beginn des jeweiligen Einsatzes erteilt werden. Die Nachvollziehbarkeit ist in solchen Fällen erschwert, wenn zunächst Vorbesichtigungen durch den Auftragnehmer erfolgen, mit dem Ziel, den Gesamtaufwand einschätzen zu können. Besonders schwierig gestaltet sich die Abgrenzung zwischen einer kostenlosen Akquisitionstätigkeit und einer vergütungspflichtigen Leistung immer dann, wenn bereits bei der ersten Ortsbesichtigung die Tätigkeit in Form von ersten Messungen, Untersuchungen oder Beratungen aufgenommen wird. In diesen Fällen sollte von vornherein zwischen den Parteien klargestellt werden, welche Vergütung der Auftragnehmer erwartet. Im Zweifel sollte ein schriftlicher Vertrag bereits vor Durchführung des ersten Ortstermins zwischen den Parteien abgeschlossen werden, aus dem sich die Vergütungspflicht nachvollziehbar ergibt.

8.2 Schadenersatz

Die Bauwerksdiagnostik tangiert mehrere Rechtsbereiche, auf die hier näher eingegangen werden soll:

- Schadenersatzansprüche des Auftraggebers gegenüber dem untersuchenden Sachverständigen aufgrund einer unzureichenden oder fehlerhaften Bauwerksdiagnostik,
- Schadenersatzansprüche des Eigentümers oder des Besitzers gegenüber dem untersuchenden Sachverständigen infolge untersuchungsbedingt zerstörter Bauteile,
- Schadensersatzansprüche des Käufers gegenüber dem Verkäufer einer Immobilie.

Schadenersatzansprüche des Auftraggebers gegenüber dem untersuchenden Sachverständigen aufgrund einer unzureichenden oder fehlerhaften Bauwerksdiagnostik

Die Bauwerksdiagnostik schließt in der Regel mit einer schriftlichen Dokumentation in Form eines Messprotokolls, eines Untersuchungsberichts, eines Sachverständigengutachtens oder eines vollständigen Sanierungskonzepts ab. Wenn der Auftrag zur Durchführung einer Bauwerksdiagnostik darauf ausgerichtet ist, dass ein schriftliches Ergebnis im oben genannten Sinne vorzulegen ist, dürfte ein Werkvertrag im Sinne von § 631 BGB vorliegen.

Bei der Bauwerksdiagnostik liegt der Werkerfolg in dem Bericht über das Ergebnis der durchgeführten Untersuchungen. In welcher Form ein derartiger Bericht vorzulegen ist und welche Angaben er im Detail enthalten muss, wird durch das Gesetz hingegen nicht geregelt. Auch technische Normen enthalten hierzu keine Angaben. Andere Regelwerke, wie z. B. die WTA-Merkblätter zur nachträglichen Abdichtung erdberührter Bauteile oder die Richtlinie für kunststoffmodifizierte Bitumendickbeschichtung (KMB-Richtlinie), enthalten Hinweise und Vorschläge über Art und Umfang einer sachgerechten Dokumentation über durchgeführte Bauwerksuntersuchungen. Mangels allgemeiner Regeln wird es daher im Einzelfall von der objektspezifischen vertraglichen Vereinbarung zwischen dem Auftraggeber und dem Auftragnehmer abhängen, wie eine Dokumentation gestaltet sein muss, damit der Werkerfolg erbracht wird. Entscheidend ist, dass die Dokumentation auf die bei der Diagnostik angewendeten Untersuchungsmethoden in einer Weise eingeht, die für den technischen Laien verständlich und für die einschlägigen Fachkreise nachvollziehbar ist. Auch objektiv zu berücksichtigende Schwächen der Methodik müssen hierbei offen angesprochen werden. Dasselbe gilt für methodentypische oder gerätespezifische Toleranzen. Nur so kann sich ein Gericht in einem eventuell später anhängigen Verfahren mit Einwänden der Parteien auseinandersetzen. Bei nur orientierend durchführbaren elektronischen Messungen erweckt eine Displayablesung mit 2 Nachkommastellen möglicherweise einen unzutreffenden Genauigkeitseindruck, wie das Oberlandesgericht (OLG) Celle festgestellt hat.

OLG Celle, Gründe im Urteil vom 16.05.2013 – 16 U 160/12:

„Auch die Einwendungen zu den Messverfahren greifen nicht durch. (…) Dabei geht auch der Senat mit dem Landgericht davon aus, dass die verwendeten Messsonden nur einen relativen Messwert ergeben. Sie können daher im Verhältnis zur jeweiligen Rohdichte des gemessenen Materials jeweils nur eine Aussage darüber treffen, ob das Material trocken, sehr trocken, nass oder sehr nass ist.

Eine quantitative Bestimmung, wie viel Feuchtigkeit auf einem Kubikmeter vorhanden ist, ist damit nicht möglich. Dies ist aber auch nicht notwendig, weil eine Zusammenschau der verschiedenen Messpunkte sowie die Tatsache, dass die Messungen an beiden Terminen jeweils nahezu identische Werte ergeben haben, davon auszugehen [sic!], dass sie zumindest in relativer Abhängigkeit die Trockenheit oder die Feuchte der Wände belegen.

Der Senat verkennt nicht, dass die Ausführungen zu Störungen, die durch metallische Einschlüsse vorhanden sind, nicht unberechtigt sind, jedoch ist hier bei der Eindringtiefe nicht davon auszugehen, dass sich dies auf die Messergebnisse ausgewirkt hat. Zumal sich die Messergebnisse durch die im Sachverständigentermin festgestellte Feuchte der Rohsohle und des Mauerwerks, wobei in letzterem kein Stahl verarbeitet wurde, insgesamt bestätigt haben.

(…)

Soweit der Gutachter P. sich insbesondere gegen die Messmethoden richtet, so ist dies aus den vorgenannten Gründen nicht durchgreifend. Insbesondere ist dem Senat bekannt, dass mit entsprechenden Feuchtemessgeräten anhand von Sonden eine Einschätzung ohne quantitative Bestimmung möglich ist. Einer solcher bedarf es indes auch nicht, wenn sich insgesamt ergibt, dass die Feuchte von unten massiv besteht.

(…)

Die Messung, die der Sachverständige vornahm, beruht auf dem Messprinzip des kapazitiven elektrischen Feldes. Die Veränderung des elektrischen Feldes durch Material und Feuchte wird im Messgerät erfasst, umgerechnet und man erhält die Feuchtewerte als Digit-Einheiten. Die Messung ist damit nur eine relative Messung, d. h., es wird der Unterschied zwischen dem trockenen und dem feuchten Baustoff angezeigt. Durch gelöste Salze kann der Baustoff zum elektrolytischen Leiter werden, wodurch sich höhere Kapazitätswerte ergeben können.

Der Einwand des Beklagten ist daher nicht ohne Berechtigung, er greift indes nicht, weil die Werte hier nicht lediglich schwach oberhalb der Werte für die Baustoffe für nass liegen. Sie liegen vielmehr weit darüber im Bereich ‚sehr nass', sodass diese Kapazität des Dielektrikums, d. h. der elektrisch schwach- oder nichtleitenden, nichtmetallischen Substanz, sich nicht allein durch die Anwesenheit von Salzen erklärt.“

Am Beispiel des OLG-Urteils wird deutlich, wie groß der Einfluss einer sorgfältigen und sachgerechten Dokumentation der durchgeführten Untersuchungen auf ein später nachfolgendes Verfahren sein kann. In vielen Fällen wird der Bauwerksdiagnostiker erst Jahre später wieder mit den Ergebnissen seiner vorgenommenen Untersuchungen konfrontiert und muss die dabei getroffenen Entscheidungen ggf. auch vor einem Gericht oder zumindest gegenüber Fachkollegen verteidigen. Empfehlenswert ist es daher, alle eingeleiteten Schritte anhand eigener Aufzeichnungen zu begründen und die jeweiligen Ergebnisse abzubilden.

8.2.1 BGB-Werkvertragsrecht

Ein Mangel an der Werkleistung liegt im Sinne des Werkvertragsrechts nach § 633 Bürgerliches Gesetzbuch (BGB) dann vor, wenn das Werk nicht die vertraglich vereinbarte Beschaffenheit hat:

„(1) Der Unternehmer hat dem Besteller das Werk frei von Sach- und Rechtsmängeln zu verschaffen.

(2) Das Werk ist frei von Sachmängeln, wenn es die vereinbarte Beschaffenheit hat. Soweit die Beschaffenheit nicht vereinbart ist, ist das Werk frei von Sachmängeln,

1. wenn es sich für die nach dem Vertrag vorausgesetzte, sonst
2. für die gewöhnliche Verwendung eignet und eine Beschaffenheit aufweist, die bei Werken der gleichen Art üblich ist und die der Besteller nach der Art des Werks erwarten kann.

Einem Sachmangel steht es gleich, wenn der Unternehmer ein anderes als das bestellte Werk oder das Werk in zu geringer Menge herstellt.

(3) Das Werk ist frei von Rechtsmängeln, wenn Dritte in Bezug auf das Werk keine oder nur die im Vertrag übernommenen Rechte gegen den Besteller geltend machen können.“

Die vertraglich vereinbarte Beschaffenheit wird bei den Aufgaben der Bauwerksdiagnostik hauptsächlich darin bestehen, dass der Auftraggeber ein schriftliches oder mündliches Ergebnis der durchgeführten Untersuchungen erwartet. Der nach dem Vertrag vorausgesetzte Verwendungszweck ist ein fachlich zutreffender Untersuchungsbericht, der als Entscheidungsgrundlage für ggf. erforderliche bauliche oder organisatorische Maßnahmen dient. Die übliche Beschaffenheit gleichartiger Werke, die der Besteller nach der Art des Werkes erwarten kann, liegt darin, dass der Diagnostiker eine methodengerechte Untersuchung durchführt. Die Üblichkeit orientiert sich an der gewöhnlichen Verkehrssitte. Das bedeutet, dass ein Abweichen von allgemein üblichen und greifbar nahe liegenden Untersuchungsmethoden sowohl einen Mangel als auch die Fahrlässigkeit begründen kann. So hat es das OLG Sachsen-Anhalt in einem Fall gesehen, bei dem ein Gutachterausschuss ein Wertgutachten für ein Gebäude erstellt hatte, ohne sich mit dem Zustand des Dachstuhls auseinanderzusetzen.

OLG Sachsen-Anhalt, Gründe im Urteil vom 22.01.2004 – 4 U 133/03:

„Bei der Verkehrswertermittlung hat der Gutachterausschuss gemäß § 194 BauGB den Preis zu ermitteln, der im gewöhnlichen Geschäftsverkehr nach den rechtlichen Gegebenheiten und tatsächlichen Eigenschaften, der sonstigen Beschaffenheit und der Lage des Grundstücks zu erzielen wäre. […] Hierzu gehören nach § 5 Abs. 5 Satz 2 WertV bei bebauten Grundstücken vor allem der Zustand der baulichen Anlage hinsichtlich der Gebäudeart, des Baujahres, der Bauweise und Baugestaltung, der Größe und Ausstattung, des baulichen Zustandes und der Erträge.

Da der bauliche Zustand des Gebäudes zu berücksichtigen ist, war der Gutachterausschuss verpflichtet, jedenfalls nicht unerhebliche Baumängel und Schäden am Gebäude in die Beurteilung einfließen zu lassen. Diese Pflicht hat er schuldhaft verletzt. […]

Dabei hat der Ausschuss auch fahrlässig gehandelt. Den begutachtenden Mitgliedern hätte bekannt sein müssen, dass ein Schädlingsbefall im Dachgebälk häufig anzutreffen und angesichts der dann regelmäßig erheblichen Sanierungskosten für die Bemessung des Verkehrswertes von wesentlicher Bedeutung ist. Darüber hinaus muss ihnen bekannt gewesen sein, in welcher Weise Hausbockbefall festgestellt werden kann. Vor diesem Hintergrund hätte ein verantwortungsbewusster Gutachter zwar keine Bauteile – jedenfalls nicht ohne konkreten Anlass – entfernen oder zerstören müssen, um geeignete Feststellungen zu treffen. Offen liegende und frei zugängliche Holzteile im Dachgeschoss hätte er aber in geeigneter Weise prüfen und hierbei auch leichtes und problemlos einzusetzendes Werkzeug wie z. B. Stichel oder Zimmermannshammer verwenden müssen. Das Abklopfen von Holzbalken stellt eine unabdingbare Voraus-

setzung für eine ordnungsgemäße Begutachtung gerade eines älteren Gebäudes dar. Die Missachtung derart elementarer und einfacher Prüfungsmaßnahmen ist ohne Weiteres als fahrlässiges Verhalten zu bezeichnen. [...]"

Die allgemeine Verkehrssitte ergibt sich aus den Gepflogenheiten der jeweiligen Fachkreise und lässt sich im Zweifel durch Sachverständigenbeweis feststellen. Sofern sich also bei gegebener Aufgabenstellung eine bestimmte Messmethode durchgesetzt hat und allgemein anerkannt wird, kommt der Diagnostiker nicht umhin, diese Methode ebenfalls anzuwenden. So hat sich z. B. bei der Überprüfung der Belegreife von Estrichen die CM-Methode als übliches Verfahren durchgesetzt. Wenn der Diagnostiker die erforderliche Sorgfalt in besonders schwerem Maße verletzt, indem er ganz nahe liegende Überlegungen nicht anstellt und das nicht beachtet, was jedem einleuchten muss, können die Voraussetzungen für grobe Fahrlässigkeit gegeben sein, wie das OLG Rostock begründet.

OLG Rostock, Gründe im Beschluss vom 21.03.2006 – 8 U 113/05:

„[...] Grobe Fahrlässigkeit setzt voraus, dass der Beklagte die bei der Erstellung seines Gutachtens erforderliche Sorgfalt in besonders schwerem Maße verletzt hat, ganz nahe liegende Überlegungen nicht angestellt und dasjenige nicht beachtet hat, was im vorliegenden Fall jedem einleuchten musste. Bei grober Fahrlässigkeit müssen zudem subjektive Momente hinzukommen, die eine gesteigerte Vorwerfbarkeit begründen [...]

Die Unrichtigkeit des Gutachtens kann sich – ähnlich wie bei § 412 ZPO – zum einen daraus ergeben, dass der Sachverständige von einem unzutreffenden Sachverhalt ausgeht oder dass er aus den Befundtatsachen unvertretbar falsche Schlüsse zieht (Palandt/Sprau BGB, 65. Aufl., § 839 a, Rn. 3). Beide Voraussetzungen hat das Landgericht zu Recht verneint. [...]"

Da die grobe Fahrlässigkeit in der Regel zum Haftungsausschluss der Haftpflichtversicherung führt, ist der Planung von Untersuchungen am Bauwerk besondere Aufmerksamkeit zu widmen.

Fehlerhafte Privatgutachten können dazu führen, dass der Auftraggeber daraus prozessuale Schritte ableitet, die sich hinterher als falsch erweisen. Sobald dem Auftraggeber ein Schaden entsteht, weil er aufgrund des fehlerhaften Gutachtens einen sinnlosen Prozess führt, haftet der Sachverständige hierfür, wie das OLG Karlsruhe begründet.

OLG Karlsruhe, Gründe im Urteil vom 23.06.2005 – 9 U 171/04:

„[...] Die Berufung der Klägerin hat teilweise Erfolg, weil der Beklagte fehlerhaft begutachtet hat und die Klägerin im Vertrauen hierauf mit Schriftsatz vom 15.10.1999 die Widerklage auf DM 443.000,– erhöht hat. Für den hieraus resultierenden Schaden hat der Beklagte wegen Verletzung seiner gutachterlichen Pflichten nach Werkvertragsrecht einzustehen. [...]"

Der Schadenersatzanspruch des Auftraggebers kann sich aber auch gegen den Architekten richten, der seiner vertraglichen Verpflichtung zur Überprüfung von Bauteilen und Bauprodukten im Rahmen der Bauüberwachung nicht oder nur unzureichend nachkommt. Während der Werkerfolg des

Bauunternehmers in der Herstellung liegt, besteht der Werkerfolg der Architektenleistung in dem Entstehenlassen des mangelfreien Gebäudes durch fachgerechte Planung und sorgfältige Überwachung der Ausführung. Werden mangelhafte Bauprodukte eingebaut, bestehen Gründe zur Annahme, dass die Bauüberwachung durch den Architekten nicht mangelfrei war, wie das Landgericht (LG) Dresden begründet.

LG Dresden, Gründe im Urteil vom 20.12.2005 – 13 O 2445/05:

„[…] Die Bauüberwachung erstreckt sich gerade auf die Kontrolle und Überprüfung der jeweiligen Bauausführung, weil von der mangelfreien Bauausführung das ordnungsgemäße Errichten des Bauwerks als Hauptpflicht der Bauaufsicht abhängt. […] Als bauüberwachendem Architekten oblag ihm die Verantwortung hinsichtlich der Überprüfung der zu verwendenden Materialien auf deren Tauglichkeit und auch Geeignetheit hin. […]"

Bauprodukte können auch dahin gehend mangelhaft sein, dass sie mit einer überhöhten Materialfeuchte angeliefert und eingebaut werden oder durch Niederschläge und Havarien Feuchte aufnehmen, weil der hierfür verantwortliche Unternehmer seinen Schutzverpflichtungen nicht nachgekommen ist. Eine diesbezügliche eigene Überprüfung der Materialien durch den bauüberwachenden Architekten würde voraussetzen, dass dieser über das entsprechende Equipment verfügt. Dasselbe gilt auch für die Überprüfung der Belegreife von Estrichen durch geeignete Messungen der Estrichfeuchte. Das OLG Frankfurt am Main hat entschieden, dass der Architekt im Rahmen seiner Bauüberwachungstätigkeit derartige Messungen nicht zwingend selbst durchführen muss. Allerdings muss er sich die Messprotokolle des Bodenlegers vorlegen lassen und diese einer kritischen Prüfung unterziehen.

OLG Frankfurt am Main, Gründe im Beschluss vom 26.02.2009 – 22 U 240/05:

„[…] Der die Bauaufsicht führende Architekt hat dafür zu sorgen, dass der Bau plangerecht und frei von Mängeln errichtet wird (vgl. OLG Stuttgart 5 U 22/08 vom 21.04.2008, zitiert nach juris, Rn. 22). Dass das Bauwerk Mängel hatte, ist zwischen den Parteien unstreitig: An mehreren Stellen hatten sich Blasen und Beulen im Bodenbelag gebildet, die durch Feuchtigkeitseinwirkungen, deren Umfang im Einzelnen streitig ist, entstanden waren. Bei dieser Sachlage kann dem Besteller, hier der Klägerin, der Nachweis einer für die Entstehung des Schadens ursächlichen Pflichtverletzung des Architekten durch einen Anscheinsbeweis erleichtert sein, wenn der typische Geschehensablauf dafür spricht, dass die Überwachung des Architekten bei den Bauarbeiten mangelhaft war (vgl. BGH VII ZR 81/00 vom 16.05.2002, zitiert nach juris, Rn. 11).

Es ist ein typischer Geschehensablauf, dass eingedrungene Feuchtigkeit und wegen ungenügender Austrocknungsbedingungen gegebene Restfeuchte zu Schäden am Bodenbelag führen. Die Beklagten hätten bei der gegebenen Kon-

stellation, in welcher eingedrungenes Wasser und knappe Wartezeit zusammenkamen, Anlass gehabt, den Streithelfer bei der Feststellung der Verlegereife intensiver zu überwachen. Zwar mussten die Beklagten nicht die korrekte Ausführung der Messungen (Dauer und Anzahl der Schüttelvorgänge) des Streithelfers als Fachhandwerker überprüfen, da sie sich insoweit auf dessen Fachkunde verlassen konnten; jedoch hätten sie sich zumindest aussagefähige Messprotokolle vorlegen lassen müssen, um zu prüfen, ob die Proben in ausreichendem Maße und an den kritischsten Stellen entnommen worden waren. Die vom Streithelfer gefertigten Messprotokolle sind nicht aussagekräftig. Sie nicht beanstandet zu haben, wird von den Beklagten selbst als Nachlässigkeit eingeräumt. […]"

Eine kritische Überprüfung von Messprotokollen oder der diesen zugrunde liegenden Untersuchungen setzt allerdings entsprechende Detailkenntnisse bei dem überwachenden Architekten voraus.

8.2.1.1 Abnahme

Ein wesentliches Merkmal von Werkleistungen liegt darin, dass der Auftraggeber nach § 640 BGB verpflichtet ist, das Werk abzunehmen, sofern nicht wesentliche Mängel an der Werkleistung vorliegen.

„(1) Der Besteller ist verpflichtet, das vertragsmäßig hergestellte Werk abzunehmen, sofern nicht nach der Beschaffenheit des Werkes die Abnahme ausgeschlossen ist. Wegen unwesentlicher Mängel kann die Abnahme nicht verweigert werden. Der Abnahme steht es gleich, wenn der Besteller das Werk nicht innerhalb einer ihm vom Unternehmer bestimmten angemessenen Frist abnimmt, obwohl er dazu verpflichtet ist.

(2) Nimmt der Besteller ein mangelhaftes Werk gemäß Absatz 1 Satz 1 ab, obschon er den Mangel kennt, so stehen ihm die in § 634 Nr. 1 bis 3 bezeichneten Rechte nur zu, wenn er sich seine Rechte wegen des Mangels bei der Abnahme vorbehält."

Da der Werkvertrag vorsieht, dass der Erfolg z. B. in einer Leckageortung liegen soll, ist der Auftrag ggf. erst dann erfüllt und vergütungspflichtig, wenn die Leckage auch tatsächlich geortet worden ist. Insofern sollten von vornherein vertragliche Formulierungen zwischen den Parteien darüber getroffen werden, was genau passiert, wenn trotz sachgerechter Messungen die Leckage nicht konkret festgestellt wird.

Da die Abnahme von Werkleistungen eine Reihe von rechtlichen Folgen auslöst, ist der Bauwerksdiagnostiker gut beraten, wenn er sich seine fertiggestellte Leistung durch den Auftraggeber abnehmen lässt. Im Übrigen verhält es sich bei der Abnahme von Werkleistungen in der Bauwerksdiagnostik ähnlich wie bei der Abnahme herkömmlicher Bauleistungen (vgl. Hankammer, 2007).

Abb. 8.1: Kernbohrung in einer bewohnten Wohnung zur Untersuchung des Dämmstoffs auf Schimmelpilze

Abb. 8.2: Leckage in der Fußbodenheizung, entstanden beim zerstörenden Öffnen des Estrichs durch Aufstemmen

Mögliche Schadenfolgen einer fehlerhaften Bauwerksdiagnostik sind:

- fehlerhafte oder unzureichende Sanierungen,
- unnötige Sanierungen,
- Schäden aus Gerichtsverfahren aufgrund fehlerhafter Gutachten,
- zerstörende Untersuchungen (siehe Abb. 8.1 und 8.2).

Wird für die Beantwortung der Beweisfragen die Freilegung von Bauteilen erforderlich, ist hierfür zunächst die eindeutige Erlaubnis des Grundeigentümers erforderlich. Werden Miet- oder Pachtverhältnisse durch die Bauteilöffnung beeinträchtigt, muss auch die Erlaubnis der Mieter oder Pächter eingeholt werden.

Bei zerstörenden Öffnungen besteht immer das Risiko, dass weitere Bauteile unplanmäßig mit zerstört werden, z. B. Leitungen, die unterhalb des Putzes oder innerhalb des Estrichs verlegt worden sind. Hier hilft ein Leitungssuchgerät oder bei Wasser führenden Leitungen eine Infrarotthermografie. Entstehen Schäden durch die Arbeiten, die der Sachverständige oder seine Hilfskräfte im Rahmen der Begutachtung durchführen, richtet sich die Haftung des Sachverständigen nicht nach der Vorschrift des § 839a BGB, weil es sich hierbei nicht um ein fehlerhaftes Gutachten handelt, sondern nach der allgemeinen Schadenersatzpflicht bei unerlaubten Handlungen gemäß § 823 BGB.

Geklärt werden muss, inwieweit sich die Öffnungsstellen nach einem Wiederverschluss voraussichtlich optisch abzeichnen werden. Bei Putzfassaden und bei Verblendmauerwerk z. B. wird sich die Öffnungsstelle auch nach einem fachgerechten Verschluss optisch von den Umgebungsflächen abheben. Das Gleiche gilt bei der Freilegung von erdberührten Bauteilen. Hier kommt es nach der Wiederverfüllung oft zu späteren Setzungen an der Geländeoberfläche, die eine Nachbearbeitung erforderlich machen.

Haftungsfreistellung

Rechtsstreit: Reiner Unfug ./. Fa. Schwarz und Samstag Bauunternehmen
GZ: 321 O 30/05
Gutachten: 05 05 1319, Herbertstraße 5 b, 22335 Hamburg

Im Zuge des oben genannten Gerichtsverfahrens muss zur Beantwortung der Beweisfragen die Fassade im Bereich der Z-Folie und im Bereich der Fenstersohlbänke geöffnet werden, um die Abdichtung zu überprüfen, was zu unvermeidbaren optischen Abweichungen beim späteren Wiederverschluss führen wird. Die Arbeiten können von der beweis- und darlegungspflichtigen Partei nicht durchgeführt werden. Der im Auftrag des Gerichts handelnde Sachverständige soll hierfür auf Anordnung des Gerichts fremde Handwerksfirmen als Verrichtungsgehilfen heranziehen.

Hiermit stelle ich (Grundeigentümer)

____

(bitte Namen und Adresse eintragen)

sowohl den Sachverständigen B. E. Fangen als auch das beauftragte Handwerksunternehmen hinsichtlich im Zuge der Bauteilöffnungen bei oben genanntem Objekt eventuell auftretender Beeinträchtigungen von jeglichen Haftungsansprüchen frei. Dies betrifft auch die eventuelle optische Bemerkbarkeit der später wieder verschlossenen Öffnungsstellen (Farb- und Strukturabweichungen) sowie Setzungserscheinungen infolge von Aufgrabungen. Ausgenommen von der Haftungsfreistellung sind vorsätzlich oder grob fahrlässig verursachte Schäden.

____

(Unterschrift)

Abb. 8.3: Muster einer Haftungsfreistellung

Wenn der Grundeigentümer mit der Qualität der Wiederherstellung zerstörter Bauteile unzufrieden ist, kann er den Sachverständigen, der die Arbeiten in seinem eigenen Namen beauftragt hat, bezüglich des entstandenen Schadens gemäß § 823 BGB in Anspruch nehmen. Um sich vor einer entsprechenden Inanspruchnahme durch den Grundeigentümer zu schützen, kann der Sachverständige den Ausschluss der Haftung vereinbaren. Dies sollte rechtzeitig vor Durchführung des Ortstermins erfolgen. Allerdings hat der Sachverständige keinen Anspruch darauf, dass die Parteien eine Haftungsfreistellung unterzeichnen, wie dem Hinweis des LG Frankfurt (Oder) im Schriftsatz vom 11.10.2006 – 32 O 50/05 zu entnehmen ist.

Ein Muster für einen entsprechenden Vordruck für die Haftungsfreistellung könnte wie an Abb. 8.3 dargestellt aussehen.

Lehnt der Grundeigentümer die Unterzeichnung einer Haftungsfreistellung gegenüber dem Sachverständigen ab, besteht die Möglichkeit, einen Handwerksbetrieb per Werkvertrag zu beauftragen. Dieser Betrieb wird dann den mit seinem Haftpflichtversicherer vereinbarten Selbstbehalt rein vorsorglich kalkulatorisch berücksichtigen und seine Leistung zu einem erheblich höheren Preis anbieten.

Eine weitere Möglichkeit besteht darin, dass der Grundeigentümer selbst in Eigeninitiative einen Handwerksbetrieb beauftragt und damit alle für ihn wichtigen Gewährleistungsfragen mit diesem direkt vereinbaren kann.

8.2.1.2 Auftrag/Vertrag

Vertragsart

Die Erstattung von Gutachten unterliegt dem BGB-Werkvertragsrecht, da im Gutachten selbst das Ziel, der Werkerfolg, liegt. Entsprechend lauten die Urteile des BGH (Entscheidungsgründe im Urteil des BGH vom 10.10.2006 – X ZR 42/06, Entscheidungsgründe des BGH im Urteil vom 04.04.2006 – X ZR 80/05). Abweichend hiervon käme ein Dienstvertrag nur in Betracht, wenn die Leistung nicht in der schriftlichen oder mündlichen Erstattung eines Gutachtens, sondern in der Erbringung von Diensten, etwa in der Begleitung des Auftraggebers bei einer Abnahme oder bei einer Ankaufbegehung, besteht.

Schriftformerfordernis der Honorarvereinbarung

In der Regel wird ein Sachverständigenauftrag als BGB-Werkvertrag zwischen dem Sachverständigen und seinem Auftraggeber zustande kommen, insbesondere immer dann, wenn das Ziel der Beauftragung ein schriftliches oder mündliches Gutachten ist. Das Honorar kann sowohl als Pauschal- oder Festpreishonorar vereinbart werden als auch als Zeithonorar zum Nachweis. Hinsichtlich der Honorarvereinbarung gilt bei Architekten- und Ingenieurleistungen, die in der Honorarordnung für Architekten und Ingenieure (HOAI) geregelt sind, generell die Schriftformerfordernis. Notwendig sind die Unterschriften des Auftraggebers und des Architekten bzw. Ingenieurs auf einem gemeinsamen Dokument, damit das vereinbarte Honorar und nicht nur der Umfang der geschuldeten Leistung verbindlich wird. Im Streitfall hat der Architekt oder Ingenieur ansonsten nur Anspruch auf ein Honorar auf Basis der Mindestsätze.

Unentgeltliche Leistungen

Auch bei der Beauftragung von Sachverständigengutachten wird von Auftraggebern mitunter die Auffassung vertreten, dass von einer Unentgeltlichkeit der Leistungen ausgegangen wurde. Hiergegen kann sich der Sachverständige, der ohne Vertrag tätig geworden ist, nur unter Verweis auf § 632 BGB zur Wehr setzen:

„(1) Eine Vergütung gilt als stillschweigend vereinbart, wenn die Herstellung des Werkes den Umständen nach nur gegen eine Vergütung zu erwarten ist. (2) Ist die Höhe der Vergütung nicht bestimmt, so ist bei dem Bestehen einer Taxe die taxmäßige Vergütung, in Ermangelung einer Taxe die übliche Vergütung als vereinbart anzusehen."

Es empfiehlt sich aber immer, am besten vor Vereinbarung eines Ortstermins, spätestens jedoch vor Durchführung des Ortstermins, einen schriftlichen Auftrag durch den Auftraggeber unterzeichnen zu lassen. Andernfalls kann ein später entscheidendes Gericht zu der Auffassung gelangen, dass ein Auftrag nicht zustande gekommen ist, wie z. B. das Amtsgericht (AG) Diez entschieden hat:

AG Diez, Urteil vom 27.12.2006 – 8 C 296/06 (Berufung nicht zugelassen)

„[...] Ein vertraglicher Anspruch ist nicht gegeben, ein gesetzlicher Anspruch scheidet von vornherein aus und wird auch von dem Kläger nicht behauptet. Ein Vertrag mit dem Inhalt ‚Erstellung eines Gutachtens' ist zwischen den Parteien nicht zustande gekommen. [...] Nimmt der Kläger – wie hier – ohne einen solchen Vertragsschluss seine Tätigkeit (2,75 Stunden lang) auf, um erst sodann den mitgeführten Vertragsentwurf zur Unterschriftsleistung vorzulegen, handelt er quasi auf eigenes Risiko. [...]"

8.2.2 BGB-Kaufvertragsrecht

Schadenersatzansprüche des Käufers gegenüber dem Verkäufer bei arglistig verschwiegenen Feuchteschäden

Auch im Kaufvertragsrecht kann es auf die Feuchtesituation von Kelleraußenwänden ankommen, wenn der Verkäufer diese vor einer Ankaufbegehung vom Maler neu streichen lässt und der Makler in dem von ihm angefertigten Exposé den Keller als „trocken" beschreibt, wie der Bundesgerichtshof (BGH) entschieden hat:

BGH, Leitsätze im Urteil vom 19.01.2018 – V ZR 256/16:

„a) Zu den Eigenschaften, die der Käufer eines Grundstücks nach den öffentlichen Äußerungen des Verkäufers oder seines Gehilfen erwarten darf, zählen auch Angaben (hier: zu der Trockenheit eines Kellers) in einem Exposé, wobei es keinen Unterschied macht, ob es sich um ein von dem Verkäufer selbst erstelltes Exposé oder um ein Maklerexposé handelt (Bestätigung von Senat, Urteil vom 22. April 2016 – V ZR 23/15, NJW 2017, 150 Rn. 7).

b) Ein Haftungsausschluss für Sachmängel umfasst auch die nach den öffentlichen Äußerungen des Verkäufers oder seines Gehilfen zu erwartenden Eigen-

schaften eines Grundstücks (Bestätigung von Senat, Urteil vom 22. April 2016 – V ZR 23/15, NJW 2017, 150 Rn. 12). Hierauf kann sich der Verkäufer jedoch nicht berufen, wenn er einen Mangel arglistig verschwiegen hat.“

Der BGH hat in seinen Entscheidungsgründen ausdrücklich berücksichtigt, dass Feuchte im Keller eines Gebäudes – wie vorliegend aus den 1950er-Jahren – eine Beschaffenheit darstellt, die bei Sachen der gleichen Art üblich ist und die der Käufer nach der Art der Sache erwarten kann. Allein das Verschweigen der dem Verkäufer bekannten Feuchte in Kombination mit dem Text des Maklerexposés, wonach der Keller „trocken“ sein sollte, führt zum Vorliegen einer arglistigen Täuschung. Hieraus resultiert ein Anspruch des Käufers auf Schadenersatz oder Rückabwicklung im Wege des Schadenersatzes.

In dem hier beschriebenen Fall hätten sich mit einfacher Messtechnik zumindest Hinweise auf eine Durchfeuchtung der Kelleraußenwände im Rahmen der Objektbesichtigung durch einen hinzugezogenen Sachverständigen feststellen lassen.

8.2.3 WEG-Recht

Ähnlich verhält es sich mit den Pflichten des Verwalters im Wohnungseigentums(WEG)-Recht. Der Verwalter ist verpflichtet, die für die ordnungsgemäße Instandsetzung des Gemeinschaftseigentums erforderlichen Maßnahmen zu treffen. Dies setzt voraus, dass er in bestimmten Abständen Kontrollen der Gebäudesubstanz in Form von Inspektionen durchführt und anhand der hieraus resultierenden Ergebnisse die erforderlichen Maßnahmen festlegt. Auch hier gilt der Grundsatz, dass die fehlende eigene Sachkunde nicht zum Haftungsausschluss führt, da der Verwalter spezialisierte Unternehmen oder Sachverständige mit der Feststellung von Feuchteschäden und deren Ursachen beauftragen bzw. einen Beschluss der Wohnungseigentümergemeinschaft hierüber herbeiführen kann, wie das LG Köln geurteilt hat.

LG Köln, Gründe im Urteil vom 27.01.2011 – 29 S 121/10 (Revision nicht zugelassen):

„Kommt der Verwalter damit in Verzug, die für die ordnungsgemäße Instandsetzung des Gemeinschaftseigentums gemäß § 27 Abs. 1 Nr. 2 WEG erforderlichen Maßnahmen zu treffen, haftet er aus Verzug (…). Gemäß § 27 Abs. 1 Nr. 2 WEG ist der Verwalter gegenüber den Wohnungseigentümern und gegenüber der Gemeinschaft der Wohnungseigentümer berechtigt und verpflichtet, die für die ordnungsgemäße Instandhaltung und Instandsetzung des gemeinschaftlichen Eigentums erforderlichen Maßnahmen zu treffen.

(…)

Der Verwalter hat Mängel festzustellen, die Wohnungseigentümer zu unterrichten und eine Entscheidung der Wohnungseigentümer über das weitere Vorgehen herbeizuführen (…). Der Verwalter hat das Gemeinschaftseigentum regelmäßig daraufhin zu kontrollieren, ob es sich in einem ordnungsgemäßen Zustand befindet. Dieser Pflicht kann er u. a. durch regelmäßige Begehung der Wohnanlage nachkommen. Kann er die Kontrollbegehungen nicht selbst oder durch Hilfskräfte, die er jederzeit einschalten kann, erledigen, so hat er die Wohnungseigentümer hierauf und auf deren eigene Verantwortung für das Gemeinschaftseigentum hinzuweisen und anzuregen, dass sie den Abschluss eines Wartungsvertrages mit einer Fachfirma beschließen. (…)

Pflichtwidriges Verhalten ist der Beklagten jedoch im Laufe des Jahres 2008 vorzuwerfen, nachdem die Klägerin erneut Feuchtigkeitsschäden gerügt hat und sie von der Beklagten die Beauftragung eines Sachverständigen begehrt hat. Damit hätte für die Beklagte feststehen müssen, dass die Werkleistung der Dachdeckerfirma KG nicht die Mangelursache beseitigt hat, und sie hätte, weil sie nicht ausreichend sachkundig ist, weitere Maßnahmen ergreifen müssen, wozu entweder die Heranziehung weiterer Werkunternehmer oder eines Sachverständigen zur Beurteilung der Mängelursache gehört hätte."

Auch in diesem Fall setzt das pflichtgetreue Verhalten des Verwalters jedoch zunächst voraus, dass diesem zumindest die gängigen Methoden der Bauwerksdiagnostik bekannt sind.

Der durch die Verwalterin der Wohnungseigentümergemeinschaft mindestens sicherzustellende bauliche Zustand des Gemeinschaftseigentums richtet sich danach, ob das Sondereigentum entsprechend dem vorgesehenen Zweck nutzbar ist, wie der BGH geurteilt hat.

BGH, Leitsätze im Urteil vom 04.05.2018 – V ZR 203/17:

„a) Grundsätzlich muss das gemeinschaftliche Eigentum jedenfalls in einem solchen baulichen Zustand sein, dass das Sondereigentum zu dem in der Gemeinschaftsordnung vorgesehenen Zweck genutzt werden kann.

b) Sind im Bereich des Gemeinschaftseigentums gravierende bauliche Mängel vorhanden, die die zweckentsprechende Nutzung von Wohnungs- oder Teileigentumseinheiten erheblich beeinträchtigen oder sogar ausschließen (hier: massive Durchfeuchtungen der Wände), ist eine sofortige Instandsetzung zwingend erforderlich und einzelne Wohnungseigentümer können die Sanierung verlangen; dies gilt auch dann, wenn die betroffenen Einheiten im Souterrain eines Altbaus belegen sind."

BGH, Gründe im Urteil vom 04.05.2018 – V ZR 203/17:

„aa) Gemäß § 21 Abs. 4 WEG kann jeder Wohnungseigentümer eine Verwaltung verlangen, die den Vereinbarungen und Beschlüssen und, soweit solche nicht bestehen, dem Interesse der Gesamtheit der Wohnungseigentümer nach billigem Ermessen – mit anderen Worten ordnungsmäßiger Verwaltung – entspricht. Zu der ordnungsmäßigen, dem Interesse der Gesamtheit der Wohnungseigentümer entsprechenden Verwaltung gehört gemäß § 21 Abs. 5 Nr. 2 WEG insbesondere die ordnungsmäßige Instandhaltung und Instandsetzung des gemeinschaftlichen Eigentums.

(…)

bb) Grundsätzlich muss das gemeinschaftliche Eigentum jedenfalls in einem solchen baulichen Zustand sein, dass das Sondereigentum zu dem in der Gemeinschaftsordnung vorgesehenen Zweck genutzt werden kann. Sind im Bereich des Gemeinschaftseigentums gravierende bauliche Mängel vorhanden, die die zweckentsprechende Nutzung von Wohnungs- oder Teileigentumseinheiten erheblich beeinträchtigen oder sogar ausschließen, ist eine sofortige Instandsetzung zwingend erforderlich und einzelne Wohnungseigentümer können die Sanierung verlangen.

(…)

(1) Den Feststellungen des Berufungsgerichts zufolge sind die Außen- und Innenwände der Teileigentumseinheiten im Fußpunkt bis zur Höhe von 1 m massiv durchfeuchtet. Dass die Revision die Feuchtigkeitsschäden als ‚äußerst gering' bezeichnet und für ‚optische Beeinträchtigungen' hält, ist angesichts der Erkenntnisse aus dem als Beleg angeführten Privatgutachten sowie aus dem von dem Berufungsgericht in Bezug genommenen gerichtlichen Sachverständigengutachten und den darin enthaltenen Lichtbildern nicht nachvollziehbar und stellt die Feststellungen des Berufungsgerichts nicht infrage.

(2) Die zweckentsprechende Nutzung der drei Teileigentumseinheiten wird hierdurch erheblich beeinträchtigt. Dienen Sondereigentumseinheiten zu Wohnzwecken, müssen derartige Durchfeuchtungen schon wegen der erheblichen nachteiligen Auswirkungen auf Wohnkomfort und Gesundheit sowie auf den optischen Eindruck des Sondereigentums beseitigt werden. Nichts anderes gilt hinsichtlich selbstständiger Teileigentumseinheiten, die – wie hier – als Büro oder Laden dienen. Teileigentumseinheiten mit einer solchen Zweckbestimmung müssen ebenso wie Wohnungen grundsätzlich dazu geeignet sein, als Aufenthaltsraum für Menschen zu dienen (vgl. dazu Senat, Urteil vom 23. Juni 2017 – V ZR 102/16, ZWE 2017, 367 Rn. 8).

Massive Durchfeuchtungen der Innen- und Außenwände müssen deshalb weder in Wohnungs- noch in Teileigentumseinheiten hingenommen werden, und zwar auch dann nicht, wenn gesundheitsschädlicher Schimmel (noch) nicht aufgetreten ist (vgl. OLG Düsseldorf, NZM 2005, 184, 185).“

Abb. 8.4 bis 8.6 zeigen Schäden an der Innenseite der Außenwand eines Souterrainbüros.

Abb. 8.4 bis 8.6: Beschichtungsablösungen an der Innenseite einer Außenwand in einem Souterrainbüro

9 Anhang

9.1 Literaturverzeichnis

Normen

DIN 1053-1:1996-11 Mauerwerk – Teil 1: Berechnung und Ausführung

DIN 1946-6:2019-12 Raumlufttechnik – Teil 6: Lüftung von Wohnungen. Allgemeine Anforderungen, Anforderungen zur Bemessung, Ausführung, Inbetriebnahme und Übergabe sowie Instandhaltung

DIN 4108:1952-07 Wärmeschutz im Hochbau

DIN 4108:1960-05 Wärmeschutz im Hochbau

DIN 4108:1969-08 Wärmeschutz im Hochbau

DIN 4108-2:1981-08 Wärmeschutz im Hochbau; Wärmedämmung und Wärmespeicherung; Anforderungen und Hinweise für Planung und Ausführung

DIN 4108-2:2001-03 Wärmeschutz und Energie-Einsparung in Gebäuden, Teil 2: Mindestanforderungen an den Wärmeschutz

DIN 4108-2:2003-07 Wärmeschutz und Energie-Einsparung in Gebäuden. Teil 2: Mindestanforderungen an den Wärmeschutz

DIN 4108-2:2013-02 Wärmeschutz und Energie-Einsparung in Gebäuden – Teil 2: Mindestanforderungen an den Wärmeschutz

DIN EN 13051:2001-11 Vorhangfassaden – Schlagregendichtheit – Feldversuch; Deutsche Fassung EN 13051:2001

DIN EN ISO 10456:2010-05 Baustoffe und Bauprodukte – Wärme- und feuchtetechnische Eigenschaften – Tabellierte Bemessungswerte und Verfahren zur Bestimmung der wärmeschutztechnischen Nenn- und Bemessungswerte (ISO 10456:2007 + Cor. 1:2009)

DIN EN ISO 13788:2013-05 Wärme- und feuchtetechnisches Verhalten von Bauteilen und Bauelementen – Raumseitige Oberflächentemperatur zur Vermeidung kritischer Oberflächenfeuchte und Tauwasserbildung im Bauteilinneren – Berechnungsverfahren (ISO 13788:2012)

DIN EN IEC 60751:2023-06 Industrielle Platin-Widerstandsthermometer und Platin-Temperatursensoren (IEC 60751:2022)

Rechtsvorschriften

Bürgerliches Gesetzbuch in der Fassung der Bekanntmachung vom 2. Januar 2002 (BGBl. I S. 42, 2909; 2003 I, S. 738), zuletzt geändert durch Artikel 2 des Gesetzes vom 15. März 2012 (BGBl. 2012 II, S. 178)

Literatur

Bauphysik Kalender 2008. Berlin: Verlag Ernst Sohn

Beurteilung von Mauerwerk – Mauerwerksdiagnostik. WTA-Merkblatt 4-5-99/D: 1999-09, Anhang, Tabelle 7. Pfaffenhofen: Wissenschaftlich-Technische Arbeitsgemeinschaft für Bauwerkserhaltung und Denkmalpflege e. V.

Die WA-Prüfplakette nach Franke zur Beurteilung der Wasseraufnahme von Fassaden. Hamburg: Technische Universität Hamburg (TUHH), o. J.

Horn, Peter; Osswald, Jürgen; Voropaev, Andrey; Heidinger, Michael; Rocholl, Alexander: Verwendung von Wasserisotopen in der Bauschadensanalytik – Theorie und Praxis. In: Der Bausachverständige (2012), Nr. 6, S. 29–37

IFA Report 1/2022 Grenzwertliste 2022 Sicherheit und Gesundheitsschutz am Arbeitsplatz. Stand: Juni 2022. Berlin: Deutsche Gesetzliche Unfallversicherung e. V. (DGUV), 2022

Klaas, Helmut; Schulz, Erich: Schäden an Außenwänden aus Ziegel und Kalksandstein-Verblendmauerwerk. Stuttgart: IRB Verlag, 1995

Hankammer, Gunter: Wärme- und klimabedingter Feuchteschutz, Technische Beurteilung. In: Ganten, Hans; Kindereit, Eduard: Typische Baumängel. NJW Praxis. München: Verlag C. H. Beck, 2010

Hankammer, Gunter: Abnahme von Bauleistungen – Hochbau. 5. Aufl. Köln: Verlagsgesellschaft Rudolf Müller, 2007

Huth, Rainer: Genauigkeit und Reaktionszeiten von Temperaturmessgeräten. In: Der Bausachverständige, Heft 2 2011, S. 24–27

Leitfaden zur Vorbeugung, Erfassung und Sanierung von Schimmelbefall in Gebäuden (Schimmelleitfaden). Stand: November 2017 [online]. Dessau-Roßlau: Umweltbundesamt, 2017. Internet: https://www.umweltbundesamt.de/sites/default/files/medien/421/publikationen/uba_schimmelleitfaden_final_bf.pdf [Zugriff: 29.08.2023]

Leitwerte für die Innenraumluft. Stand: 04.07.2022 [online]. Dessau-Roßlau: Ausschuss für Innenraumrichtwerte (AIR) im Umweltbundesamt (UBA), 2022. Internet: https://www.umweltbundesamt.de/sites/default/files/medien/4031/bilder/dateien/hygienische_leitwerte_0.pdf [Zugriff: 29.08.2023]

Richtlinie für die Planung und Ausführung von Abdichtungen mit kunststoffmodifizierten Bitumendickbeschichtungen (KMB) – erdberührte Bauteile – (KMB-Richtlinie). 3. Ausgabe Mai 2010. Frankfurt am Main: Deutsche Bauchemie

Technische Regel für Gefahrstoffe 900, Arbeitsplatzgrenzwerte (TRGS 900), Ausgabe Januar 2006, zuletzt geändert und ergänzt: GMBl 2012, S. 11 [Nr. 1] (12.01.2012). Dortmund: Bundesanstalt für Arbeitsschutz und Arbeitsmedizin (BAuA), 2012

T 2000 Praxishandbuch, Version 2.0. Heinsberg: Trotec GmbH & Co. KG

Technische Regel für Arbeitsstätten ASR A3.6 Lüftung. Ausgabe: Januar 2012, zuletzt geändert GMBl 2018, S. 474 [online]. Dortmund: Bundesanstalt für Arbeitsschutz und Arbeitsmedizin (BAuA), 2012. Internet: https://www.baua.de/DE/Angebote/Regelwerk/ASR/pdf/ASR-A3-6.pdf?__blob=publicationFile&v=1 [Zugriff: 29.08.2023]

TKB-Merkblatt 18 – KRL-Methode – Messung und Beurteilung der Feuchte von mineralischen Estrichen. Stand: Februar 2021 [online]. Düsseldorf: Technische Kommission Bauklebstoffe (TKB) im Industrieverband Klebstoffe e. V., 2021. Internet: https://www.klebstoffe.com/wp-content/uploads/2021/06/TKB-18-KRL-Methode-2021-02-12-Veroeffentlichung-2.pdf [Zugriff: 29.08.2023]

VATh-Richtlinie: Bauthermografie zur Planung, Durchführung und Dokumentation infrarotthermografischer Messungen an Bauwerken oder Bauteilen von Gebäuden. Stand: April 2023 [online]. Nürnberg: Bundesverband für Angewandte Thermografie, 2023. Internet: https://www.vath.de/xist4c/download/web/VATH-Richtlinie-Bauthermografie+-+Stand+2023.04_uplId_63507__coId_15368_.pdf [Zugriff: 29.08.2023]

Verordnung über die Honorare von Archi tekten- und Ingenieurleistungen (Honorarordnung für Architekten und Ingenieure – HOAI) vom 10. Juli 2013 (BGBl. I S. 2276), die zuletzt durch Artikel 3 des Gesetzes vom 22. März 2023 (BGBl. 2023 I Nr. 88) geändert worden ist

Wiesmaier, Sebastian; Eichinger, Florian; Voropaev, Andrey; Rocholl, Alexander: Klärung von Wasserschäden durch Isotopenanalysen. In: Der Sachverständige (2019), S. 88–95

Wiesmaier, Sebastian; Eichinger, Florian; Voropaev, Andrey; Rocholl, Alexander: Isotopenanalyse zur Klärung von Wasserschäden: In: Der Bausachverständige (2017), Nr. 6, S. 27–32

9.2 Autoren

Dipl.-Ing. Gunter Hankammer, Jahrgang 1958, ab 1973 Maurerlehre mit Gesellenprüfung, anschließend Schulausbildung und Studium des Bauingenieurwesens, ab 1984 Bauleitung, zunächst in Rohbauunternehmen, dann ab 1986 als Leiter der Bauleitungsabteilung im Hamburger Architekturbüro Schild. Ab 1995 zusätzlich geschäftsführender Gesellschafter in der Fa. PSP Projektsteuerung GmbH, Schwerin und Hamburg. Seit 2005 Alleininhaber der Gesellschaft, die jetzt eingetragen ist als Hankammer GmbH Sachverständigengutachten Projektsteuerung, Hamburg und Schwerin. Seit 1990 Tätigkeit als Sachverständiger für Schäden an Gebäuden, seit 1997 öffentlich bestellt und vereidigt durch die IHK zu Schwerin, seit 2002 öffentlich bestellt und vereidigt als Sachverständiger für Honorare für Architektenleistungen und seit 2005 für Schimmelpilze und andere Innenraumschadstoffe durch die IHK zu Schwerin, nach Sitzverlegung der Gesellschaft nach Hamburg jetzt durch die Handelskammer Hamburg öffentlich bestellt und vereidigt als Sachverständiger für Schäden an Gebäuden sowie Schimmelpilze und andere Innenraumschadstoffe und durch die Hamburgische Architektenkammer öffentlich bestellt und vereidigt als Sachverständiger für Sachfragen der Honorierung von Architektenleistungen nach der HOAI. Mitglied im Fachgremium der IHK zu Schwerin im Sachgebiet „Schäden an Gebäuden inkl. Mängeln" und Mitglied im Gutachterausschuss für Grundstückswerte der Landeshauptstadt Schwerin. Er ist Fachjournalist und Mitglied im Deutschen Fachjournalistenverband (DFJV), Autor der Fachbücher „Abnahme von Bauleistungen", „Schäden an Gebäuden", „Abnahme von Bauleistungen – Tiefbau" „Schimmelpilze und Bakterien in Gebäuden", alle erschienen im Rudolf Müller Verlag, Köln.

Michael K. Resch, Jahrgang 1963. Nach dem Gymnasium folgte eine Lehre als Stahlbauschlosser, die er mit dem Facharbeiterbrief abschloss. Im Anschluss daran erwarb er die Fachhochschulreife Technik und begann das Studium des Bauingenieurwesens für 5 Semester an der FH Darmstadt. 1994 stieg er ins Berufsleben ein. In der technischen Trocknung von Gebäuden und der Bauwerksdiagnostik sammelte er seit fast 30 Jahren Erfahrung, die ihn als Experte zu einem gefragten Referenten für Seminare, Vorträge und Schulungen machte. Als Mitglied in diversen Verbänden hat er aktiv mitgearbeitet an Merkblättern, die sich mit den Themen technische Trocknung und Messtechnik an Gebäuden befassen. Er ist Fachjournalist und Autor von mehreren Fachbüchern. Seit 2017 ist er von der Handwerkskammer für München und Oberbayern öffentlich bestellter und vereidigter Sachverständiger für das Bautentrocknungsgewerbe und das Erkennen und Bewerten von Schimmelschäden mit eigenem Sachverständigenbüro.

9.3 Stichwortverzeichnis